航天科技图书出版基金资助出版

大规模空间数据可视化
关键技术研究

董黎明　周青峰　著

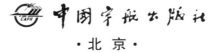

中国宇航出版社
·北京·

图书在版编目（ＣＩＰ）数据

大规模空间数据可视化关键技术研究 ／ 董黎明，周青峰著 . --北京：中国宇航出版社，2020.10

ISBN 978 - 7 - 5159 - 1861 - 7

Ⅰ.①大… Ⅱ.①董… ②周… Ⅲ.①空间信息系统－数据处理－研究 Ⅳ.①P208

中国版本图书馆 CIP 数据核字(2020)第 189872 号

责任编辑　赵宏颖　　封面设计　宇星文化

出版发行	中国宇航出版社			
社　址	北京市阜成路 8 号		邮　编	100830
	(010)60286808			(010)68768548
网　址	www.caphbook.com			
经　销	新华书店			
发行部	(010)60286888			(010)68371900
	(010)60286887			(010)60286804(传真)
零售店	读者服务部			
	(010)68371105			
承　印	天津画中画印刷有限公司			
版　次	2020 年 10 月第 1 版			2020 年 10 月第 1 次印刷
规　格	880×1230		开　本	1/32
印　张	6.375　彩　插　2 面		字　数	183 千字
书　号	ISBN 978 - 7 - 5159 - 1861 - 7			
定　价	68.00 元			

本书如有印装质量问题，可与发行部联系调换

航天科技图书出版基金简介

　　航天科技图书出版基金是由中国航天科技集团公司于2007年设立的，旨在鼓励航天科技人员著书立说，不断积累和传承航天科技知识，为航天事业提供知识储备和技术支持，繁荣航天科技图书出版工作，促进航天事业又好又快地发展。基金资助项目由航天科技图书出版基金评审委员会审定，由中国宇航出版社出版。

　　申请出版基金资助的项目包括航天基础理论著作，航天工程技术著作，航天科技工具书，航天型号管理经验与管理思想集萃，世界航天各学科前沿技术发展译著以及有代表性的科研生产、经营管理译著，向社会公众普及航天知识、宣传航天文化的优秀读物等。出版基金每年评审1～2次，资助20～30项。

　　欢迎广大作者积极申请航天科技图书出版基金。可以登录中国宇航出版社网站，点击"出版基金"专栏查询详情并下载基金申请表；也可以通过电话、信函索取申报指南和基金申请表。

　　网址：http：//www.caphbook.com

　　电话：(010) 68767205，68768904

目　录

第 1 章 绪 论

本章首先介绍了本书的研究背景，包括空间数据和交互式可视化的定义、特点及研究意义，分析了当前空间数据交互式可视化所面临的问题和挑战。根据常见的数据可视化类型和可视化系统的架构，提出本书的研究思路和研究对象。最后，给出了研究内容之间的关系和本书的结构。

1.1 背景和意义

本节首先从空间数据的定义出发，介绍了本书所要研究和处理的空间数据的来源及示例，然后列举了常见的可视化图像的类型、特点及交互式可视化对可视化系统的要求，最后结合实例阐述了空间数据交互式可视化的研究意义。

1.1.1 空间数据

（1）定义

空间数据（Spatial data），亦被称为地理空间数据（Geospatial data），一般情况下是指在坐标系统中用来描述物体的位置、大小、形态的数据，是对现实世界中存在的具有定位意义的事物或者现象的描述[1-3]。例如，在地理位置坐标系统中对某个湖泊、山脉、城市、建筑物或者某些事件、现象等用经纬度进行描述，则该物体或事件的经纬度信息即为空间数据。此外，其他坐标系统中具有定位意义的数据同样也可以称为空间数据，例如二维坐标系中的 (x, y) 数据或者三维坐标系中 (x, y, z) 数据等。

（2）数据来源

当前，带有定位功能的设备越来越多，比如手机、手表及车辆等；

同时有大量的可利用设备定位功能的应用程序（包括手机 App）被开发出来，例如 Twitter[①]，Yelp[②]，Uber[③] 等，这些应用程序在社交、出行和娱乐等各方面极大地丰富了人们的生活，提高了生产效率。与此同时，这些应用程序时时刻刻都在产生大量的有经纬度坐标的空间数据。例如表 1-1 所示为社交网站 Twitter 数据示例，其中编号为每个记录的唯一标识，是由 Twitter 公司根据发送的日期自动生成的；位置为该条推特数据发送时设备所处的经纬度坐标；内容为用户发送的推特文本信息，长度不超过 140 个字符；创建时间为该条推特发送的时间。此外还包括如标签、转发次数、点赞次数等其他信息共约 200 个字段，在此仅保留了本书所关注和处理的字段，忽略了其他与本书无关的属性。表 1-2 显示了纽约市出租车打车的数据示例，包含乘客上下车的地点和时间等，付费方式、乘车人数等其他信息在此忽略。

表 1-1　Twitter 数据示例

编号	位置（经纬度）	内容	创建时间	其他
820090999 628251136	−74.4857,42.6792	Happy Birthday Sana!! Hope you are having a wonderful day with loads of love and surprises	12/10/2017 19:08:28	…
820091006 561308675	−88.2303724,43.0827852	Is PUBG fun? Thinking about playing it on my phone when I'm not at home playing Fortnite haha	23/12/2017 11:52:07	…
820091012 261576706	−124.1681396,40.8044488	They want more treats but they only get treats twice a month. #fun #awesome #happy #cute #love	25/11/2018 10:12:08	…

---

① 中文译作"推特"，是一家美国社交网络及微博服务的网站。功能与国内微博类似，它允许用户每次发送不超过 140 个字符的信息，这些消息也被称作"推文（Tweet）"。

② Yelp 是美国的商户点评网站，功能与国内大众点评类似。其内容囊括各地餐馆、购物中心、酒店、旅游等领域的商户，用户可以在 Yelp 网站或者 App 中给商户打分、提交评论、交流购物体验等。

③ 中文译作"优步"，是 2009 年创立的一家美国科技公司，主要提供出租车打车服务，功能与国内滴滴出行类似。

表 1-2 纽约市出租车打车数据示例

编号	上车时间	下车时间	上车地点	下车地点
20160609210636117	2016-06-09 21:06:36	2016-06-09 21:13:08	-73.9833602905273, 40.7609367370605	-73.9774627685547, 40.753978729248
20160609210636118	2016-06-09 21:06:36	2016-06-09 21:35:11	-73.9817199707031, 40.7366676330566	-73.9816360473633, 40.6702423095703
20160609210636119	2016-06-09 21:06:36	2016-06-09 21:13:10	-73.9943161010742, 40.7510719299316	-74.0042343139648, 40.7421684265137

（3）数据规模

在移动互联网时代，由于许多应用的数据规模是海量的。比如像 Twitter，Uber 之类的互联网规模级的应用，数据规模都在千亿甚至万亿条级别。此外，数据的增长速度也非常快。例如，Twitter 每天都有超过 5 亿条推特被发送，而 Uber 后台显示仅仅纽约市每天就有约五十万条出租车打车数据，数据的增长速度已经超过了摩尔定律[4]（即当前条件下我们期望的硬件性能的增长速度）。处理如此大规模并且快速增长的数据对现有的数据管理系统和可视化系统来说是非常大的挑战，海量数据的处理给用户带来的最直接的影响就是用户可视化请求的响应时间过长，影响用户体验。

1.1.2 交互式数据可视化

（1）数据可视化定义

数据可视化（Data Visualization）是指以定性或者定量的数据为基础，生成能够代表原始数据且能够被观察者解读、分析和交流的图像的过程[5-6]。例如图 1-1 以热力图的形式显示了美国大陆地区的推特发送数量情况，颜色越深代表推特发送的数量越多。可以十分清楚地观察到东海岸的纽约地区和西海岸的洛杉矶地区是推特发送数量最多的两个区域。

一般情况下，数据集有非常多的属性，用户可以根据不同的需求和应用场景，针对不同的属性进行筛选过滤，设定不同的查询条件来获取需要的结果。例如，针对表 1-1 和表 1-2 的数据，用户可以选择查看某个时间段内推特的发布情况、查询包含某个或者多个关键字的推特的分布情况、上下班高峰期纽约市打车数量最多的区域等。

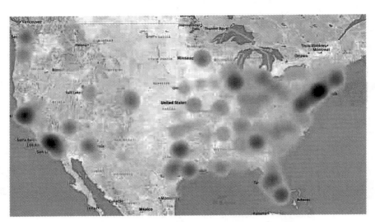

图 1-1　美国大陆地区推特发布数量热力图（见彩插）

（2）交互式数据可视化

本书中的数据交互式可视化是指用户可以通过拖拽（Panning）或者放大 / 缩小（Zoom in/out）等操作任意查看数据的可视化图像，并且可以针对数据表的任意属性进行任意查询（ad-hoc 查询）。典型交互式数据可视化的应用方式为：用户发出一个初始可视化查询，可视化系统给出对应的图像，用户查看并进行分析，然后根据分析结果再次发出查询请求，如此往复。交互式可视化一个非常重要的需求就是可视化系统对用户请求的响应时间应当小于 0.5s[7-9]，否则会降低用户体验，并且中断用户思维的连续性，进而影响用户的判断力和决策力。

综上所述，交互式可视化对可视化系统的要求主要包括：

1）响应时间为亚秒级，理想情况下小于 0.5s。

2）支持 ad-hoc 查询。

（3）可视化图像分类

目前，数据的可视化类型有几十种[10]，包括常见的柱状图、散点图、热力图、折线图等，并且不断有新的可视化图像类型被设计和开发出来。表 1-3 按照可视化图像的功能，基于绘图时的数据类型，对常见的可视化图像进行了分类汇总。可视化图像可以用于数据比较、寻找数据关联性、查看数据分布特征及数据构成等，能够支持包括分类、时间、位置等在内的几乎所有的数据类型。表 1-3 中许多图像的功能和绘制方式是相似的。例如，柱状图和折线图、气泡图和热力图等。

表 1-3　常见可视化类型及其分类

功能	基于类型	可视化图像类型
比较	基于分类	漏斗图、柱状图、条形图、双向柱状图、柱线图、玫瑰拼图、词云、指标卡
	基于时间	雷达图、柱状图、折线图、条形图、面积图
关联	基于流程	桑葚图、和弦图
	基于变量	散点图、气泡图
分布	基于位置	面积地图、气泡地图、点状地图、轨迹地图、热力图
	基于变量	散点图、气泡图、箱线图
构成	基于分类	饼图、环形图、旭日图、矩形树图、瀑布图、仪表盘
	基于时间	百分比堆积柱状图、百分比堆积条形图、百分比堆积面积图、堆积柱状图、堆积条形图、堆积面积图

（4）本书关注的可视化图像类型

不同的可视化图像类型有不同功能和优缺点，本书选择散点图（Scatterplot）和热力图（Heatmap）为研究重点，主要原因如下：

1）散点图和热力图是空间数据最自然的两种可视化方式，同时也是使用非常广泛的两种图像。例如，散点图的应用包括聚类、回归分析、密度估计等，这三种应用在机器学习和人工智能领域的需求极为广泛。

2）散点图和热力图分别代表了对数据的两类可视化方式，即将数据直接显示和先聚合[①]后显示。

---

① 聚合操作是指从一组数据值中计算生成一个数据值，即将多个值聚合为一个值。常见的聚合操作包括计算平均值、最大值、最小值、求和、计数（COUNT）等。

3）散点图和热力图的研究空间较大。柱状图、饼图或折线图等较为简单的可视化图像类型的应用是为了对比某些类型的数据之间的大小关系、构成或者数据趋势等，所表达的数据量较少，一般仅在几个到几十个之间，过多的数据量会导致每个类别的扇形或者矩形面积过小，无法分辨而失去可视化价值。与此相反，散点图和热力图等空间可视化（Spatial Visualization）图像类型能够展示的数据量较大，能够包含几千至几百万个数据值，需要后台数据库能在不到一秒内读取或者计算出这些数据值，对前端显示和底层数据库都是更大的挑战，因此具备更大的研究空间和研究价值。

其中散点图是在地图上以一个逻辑像素点来表示该点所处位置的数据记录。根据不同的显示精度，一个逻辑像素点由若干个物理像素点构成，例如 4×4 个像素点表示一个数据点（图 1-2）。热力图可以看作是粗粒度的散点图，一般情况下是将显示区域划分为若干个格子，例如 200×150，每个格子中包含属于该格子内的记录的散点数量，然后通过对各个格子之间做平滑处理，用不同颜色表示不同的数据密度（即热力）。例如，在图 1-1 中红色表示该区域记录较多，橙色表示记录较少。本书在阐述中主要以散点图为例，然后将研究结果推广至热力图。

1.1.3　意义

数据中蕴藏着巨大价值，有非常多的学者、专家从许多不同的方面挖掘、探索数据中包含的有价值的信息，例如针对 Twitter 数据的语义分析、热门话题探索、好友关系图谱、网络距离测量等；针对车辆行驶数据的车辆调度策略、线路运行优化等。例如，UPS 公司[①] 在 2015 年的一个项目中，通过对其在美国的 1 万条线路和地点之间调度的优化，每年可节约 150 万加仑汽油，减少 1.4 万立方米的二氧化碳排放量，同时为公司节省 5000 万美金。

---

① United Parcel Service，世界上最大的快递承运商与包裹递送公司，http://www.ups.com/。

数据可视化被称为数据分析的最后一公里，人们常说，"一图胜千言"，将数据可视化，可以更加直观和高效地表达数据内容，让用户从不同的角度了解数据不同方面的信息，从而让用户对数据有更加清晰和准确的认识，有利于快速发现数据中蕴含的有价值的信息、模式或者异常点等，有助于用户做出决策。例如，图 1-1 中的数据，如果用表格显示，将会非常冗长且不易观察。同时，工业界同样对数据可视化非常重视，2019 年上半年，Salesforce 公司斥资 157 亿美元收购著名数据可视化厂商 Tableau，成为美国历史上最大的并购案之一。

1.2　挑战及思路

本节从海量空间数据对交互式可视化带来的研究挑战出发，阐述了本书的主要研究思路和研究对象。

1.2.1　挑战

大规模空间数据的交互式可视化，尤其散点图和热力图等可视化方式存在如下挑战：

（1）需要可视化的数据量大

在海量数据的场景下，与柱状图或折线图等简单可视化图像类型相比，散点图或者热力图等图像类型需要显示的数据量可能会非常大。根据前面对交互式可视化的描述，其理想情况下要求响应时间不应超过 0.5s[7-9]，但是庞大的数据量使得数据查询时间变得越来越长，同时查询结果也越来越大，进一步延长了数据传输时间和可视化图像的绘制时间。例如，用户想要查询 2019 年 4 月 15 日包含"巴黎圣母院大火"的推特数据的分布情况（散点图），仅使用 Twitter 提供的 1% 的数据，就有超过 25 万条符合查询条件的推特。在使用普通服务器的情况下，从查询数据库得到结果，然后传输到前端，再由前端绘制 25 万个点，总耗时超过 36s，严重影响了用户体验。

（2）可视化查询难以预测

由于数据集和应用场景不尽相同，所以用户的查询中很大比例都是

ad-hoc 查询，导致很难提前做出预测，以采取预处理等方式加快响应速度。主要表现在两个方面：

1）数据集的属性非常多，可视化查询中包含的属性可以有一个或者多个，很难做出预测；

2）对于同一属性，查询的范围或者值也是近乎随机的。

所以，对于 ad-hoc 查询，很难采用预处理或者跟踪记录每个查询的方式来缩短响应时间。例如，对于连续型数据的查询，可以是任意起点和长度的区间查询，不可能对所有可能的区间进行跟踪和预处理。

（3）可视化图像的解读存在主观性

与数值型结果不同，用户对图像的解读存在主观性。例如，不同用户对同一图像的解读存在差别，反之，对相同需求、不同用户需要的图像也可能不相同。如果通过提供近似图像的方式加快响应速度，则这种差别可能会进一步被放大。在这种情况下，一个需要解决的基本问题是要知道什么样的近似图像对用户来说"足够好"，即需要对用户的接受度和图像的近似度进行量化。

（4）研究的图像展示的数据量大

与其他较为简单的图形相比，散点图和热力图能够包含几千至几百万个数据值，需要后台数据库能在不到一秒钟的时间内读取或者计算出这些数据值、传输至前端然后由前端进行绘制，如果不做预处理和数据归约（Data Reduction），这几乎是不可能完成的，而在进行预处理和数据归约的时候，此类方法仍然存在对 ad-hoc 查询支持度较低的问题。

1.2.2　思路

本书的研究思路主要分为以下三个方面：

（1）以数据库为中心

以数据库为中心包含两个方面的含义：一是由于海量数据一般存储于后台数据库中，所以研究重点应以数据库为中心，通过分析数据在数据库中的存储和检索方式，寻找提高系统响应速度的方法；二是将模型的预处理结果和参数存储在数据库中，以利用数据库的强大性能降低对内存的空间占用和依赖度。

（2）对查询分类处理

由于数据库中对不同的数据类型采用的存储和索引方式不尽相同，同时在查询时对不同数据类型属性的查询执行计划也不相同，所以需要对数据类型进行分类，不同的类型采用不同的处理方式。本书将数据类型分为连续型和离散型两类，其中连续型包括数值型（Numerical）数据和时间型（Datetime）数据，离散型包括分类（Categorical）数据和文本（Text）数据。本书的重点研究对象，即连续型数据和离散型数据典型的 ad-hoc 查询方式，分别为：

1）连续型数据：区间查询，其中属性 attribute1 和区间的起点 r1 、终点 r2 是任意的。

```
SELECT coordinate
FROM table
WHERE attribute1 BETWEEN r1 AND r2;
```

2）离散型数据：等值查询，其中属性 attribute2 和值 category1 是任意的。

```
SELECT coordinate
FROM table
WHERE attribute2='foo';
```

为了简单起见，上述查询仅列出了单个查询属性的 SQL 语句，多维属性的查询与此类似。此外，文本数据可以作为一种特殊的离散型数据，查询方式通常为关键字查询。

（3）提供近似可视化图像

由于显示终端有分辨率等硬件限制，导致其显示精度是有限的；同时，多数情况下用户通过近似图像即可获取足够信息，所以可以通过向用户提供近似图像的方式提高响应速度。例如，图 1-2 展示了 Twitter 数据集中关于一款名为"fortnite"游戏的讨论在北美地区的分布情况。

图 1-2（a）是使用了全部查询结果所绘制的散点图，图 1-2（b）是仅仅使用了全部查询结果的 30% 绘制的图像。可以看到，这两幅图像是非常接近的，即使对局部地区进行放大，也能看到非常类似的分布。

在本书中，将这两类图像分别称为原始图像（使用全部数据生成）和近似图像（使用部分数据生成）。

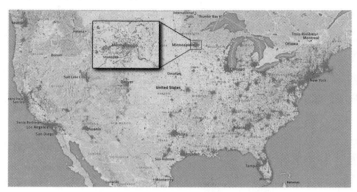

(a) 原始图像(100%数据)

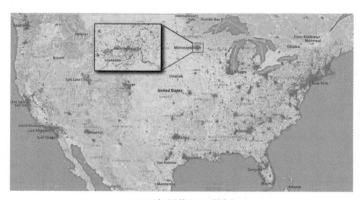

(b) 近似图像(30%数据)

图 1-2　北美地区包含 "fortnite" 的推特的分布示例图

1.3　本书结构

（1）主要贡献

根据以上研究思路，本书主要贡献及创新点如下：

提出了一种图像近似度测量方法

提供近似可视化图像是本书的研究思路之一，也是书中提出的数据处理模型和方法中提高响应速度的核心方式，其关键问题之一为如何测量近似图像与原始图像之间的相似度。本书结合提出的近似可视化图像的生成方式，给出适用于该方式的近似度函数应具有的两个单调性属性。然后从图形学和数据两个角度分别对近似度函数进行了研究，创新性地提出融合两类测量函数的测量方法，使之更符合用户对数据可视化图像的解读方式。以此为基础，本书设计了一种通过用户调研方式获取用户对图像能够接受的最低近似度的方法。以该近似程度为阈值（以 τ 表示），本书提出的模型和方法能够返回近似度不低于 τ 的近似可视化图像。

提出了处理连续型数据的 Marviq 模型

Marviq 模型的主要思想是预先对查询属性划分区间并生成图像，将图像存储在称为 MVS 的数据结构中。对于查询属性为连续型数据的 ad-hoc 查询，Marviq 使用这些预生成的图像来合成原始图像或者近似图像，并对近似图像的近似度进行估计。同时，MVS 还可以扩展为 MVS^+ 以存储多种分辨率的预生成图像，进一步提高系统性能及降低存储代价。Marviq 创新点主要包括三个方面：一是能够满足用户交互式可视化的需求，支持亚秒级请求响应速度和 ad-hoc 查询；二是可以提供有近似度保证的近似可视化图像；三是可扩展性强，能够适用于不同的图像类型和近似度函数。

提出了处理离散型数据的 NSAV 模型

其主要思想是利用 SQL 提供的 TABLESAMPLE 和 LIMIT 重写 ad-hoc 查询以获取查询结果的子集，利用子集生成近似图像并对图像的近似度进行计算。除包括 Marviq 中三个创新点之外，NSAV 还支持使用离线样本的方式扩展，现有的通过离线样本方式生成近似图像的算法都可以用来扩展该模型。

提出了数据密度敏感的分层抽样方法

针对空间数据和散点图的特性以及 LIMIT 查询的执行特点，本书提出数据密度敏感的分层抽样方法。该方法的核心思想为将可视化图像划分为网格，对每个网格采用不同的抽样比例进行抽样。该抽样方法避免了随机抽样中数据稀疏地区被忽略而导致细节丢失的现象，能够显著提高图像的近似度。同时，该方法利用数据库查询引擎执行的特点，避免了将样本数据和原始数据同时使用时潜在的数据冲突问题。

（2）研究内容之间的关系

如图 1-3 所示，可视化系统一般采用三层架构，即前端显示、中间件和数据库。本书所做工作主要集中于中间件和前端显示层，主要包括对可视化图像相似度的研究以及对连续型和离散型数据的研究。

由于本书的模型和方法均以提供近似图像为基础，所以围绕散点图和热力图两种可视化图像类型，本书首先对可视化图像的相似度进行了深入研究（第 3 章）；然后以此为基础，针对不同数据类型的存储和检索方式，分别对连续型数据和离散型数据展开研究，提出对应的处理模型（第 4 章 和第 5 章）。即本书核心研究内容为对连续型和离散型数据的处理模型，这两类数据处理模型的共同基础为可视化图像的相似度测量。

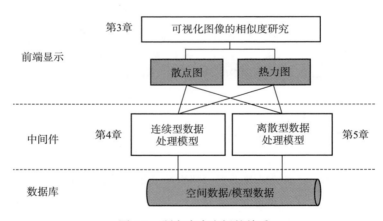

图 1-3　研究内容之间的关系

（3）本书结构

本书共分为 7 章，组织结构如下：

第 1 章为绪论，介绍了本书的研究背景和研究挑战，以及本书的研究思路。

第 2 章为相关研究，按照相关研究采用的技术路线，分类介绍了数据可视化领域的相关研究及其优缺点。

第 3 章为可视化图像的相似度研究，介绍了图像相似度的测量方式和模型，给出以用户调查方式获取用户对图像最低近似度接受阈值的方法。

第 4 章为连续型数据处理模型，介绍了针对查询条件中属性为连续型数据时的处理方式和模型。

第 5 章为离散型数据处理模型，介绍了针对查询条件中属性为离散型数据时的处理方式和模型。

第 6 章为分布式数据库系统中的数据分区优化，介绍了针对分布式并行数据库的底层数据物理分区的处理方式和模型。

第 7 章对本书内容进行了总结，对未来发展进行展望。

第 2 章　数据可视化方法相关研究

数据可视化是一个非常广泛的研究方向，涉及计算机图形学、可视化、人机交互、数据库等多个领域，在不同的领域都有非常多的研究成果。文献 [11-16] 对近些年数据交互式分析和可视化领域的研究情况进行了总结和比较，Battle 等人在文献 [17] 中给出了针对可视化系统性能的基准测试。

根据相关工作的研究思路和所采用的技术，本章将详细介绍以数据库为中心和以前端显示为中心的两个大类方法。其中，以数据库为中心是指其所做工作均围绕数据库进行，前端显示的操作并不会影响到数据库中的查询执行。以前端显示为中心是指该类工作考虑了前端显示的特点，通过从前端显示获取信息来控制后台数据库的数据查询。两个大类可以进一步分为不同的子类，本章在每个子类别中，首先阐述了该类方法的核心思想，然后列举了采用该类方法的代表性工作，最后评述了该类方法的不足以及尚未探索之处。需要注意的是，很多文章中的工作可能包含多个类别的方法，所以在划分的时候可以同时归为多个类别。此外，本章还对常见的商业数据可视化系统进行了总结和梳理。由于本书的研究重点是大规模空间数据交互式可视化问题，所以在此仅列举与本书密切相关的研究工作。

2.1　以数据库为中心的方法

以数据库为中心的方法可以分为基于近似查询处理的方法、基于大数据管理系统的方法和基于数据立方的方法三个子类。

2.1.1　基于近似查询处理的方法

近似查询处理（Approximate Query Processing, AQP）技术在大数据处理领域中非常常见[18-25]，其核心思想是通过在线聚合（Online aggregation）或者对原始数据集的一个较小的样本数据集进行计算的方式，将近似的结果返回给用户。通常情况下返回的近似结果是带有质量保证（Quality guarantee）的或者其误差大小是可控的（Error-bounded），例如带有置信区间和置信度。样本数据集的生成有多种方式，其中抽样（Sampling）是最为常用的方式之一。根据统计学中的相关理论分析，样本的大小和系统能够提供的近似结果的误差范围呈反相关关系，即样本越大，系统能够提供的结果的误差就越小。所以很多文献提出了多种抽样方式，目的就是为了能以最小的样本提供误差最小的结果。

BlinkDB[22]采用分层抽样的方式生成样本，它以某个或者多个属性为基础，枚举数据集中该属性所有的值，然后针对每一个值使用不同的抽样概率来生成样本。同时，为了满足不同用户或者应用场景对误差大小和响应时间的不同要求，BlinkDB 在生成样本时按照多个抽样比例生成若干大小不同的样本，根据用户指定的误差大小或者响应时间阈值自动选取能够满足条件的样本。因此，用户需要承担选择合适的误差大小或者时间容忍度阈值的任务，这对不具备统计学知识的普通用户来说较为困难。同时，由于 BlinkDB 在抽样过程中需要枚举每一种可能存在的值，导致在处理关键字等包含海量数据的属性值时内存会溢出，即 BlinkDB 只适合于类别较少的分类数据的查询处理。

Sample+Seek[26]也是基于抽样技术的比较有代表性的工作。它根据选择率（Selectivity）将数据分为两类，分别采用不同的抽样或者索引方式。对于高选择率的数据它提出使用 measure-biased 的抽样方式，对于低选择率的数据，Sample+Seek 提出了类似于在文本数据中广泛使用的反向索引技术（Inverted Index），在内存中为低选择率数据构建反向索引。由于 Sample+Seek 只生成一个样本，所以当查询条件发生变化而导致某些查询在样本中的数量不足以支撑用户指定的误差范围时，Sample+Seek 采取从原始数据表中获取数据的方式进一步减小结果的误差范围。Pangloss[27] 以 Sample+Seek 为基础，构建了支持热力图和饼图的数据可视化系统，它首先利用 Sample+Seek 快速返回一个带有误差的近似结果，然后将查询推到后台继续执行，待查询执行完毕之后再将准确结果返回。这种思想融合了抽样和增量更新的方式，不同之处在于它并没有中间的更新过程，只有最初的近似结果和最终的准确结果。其出发点在于根据它的用户调研，对结果的不断更新会让用户对不同类别的数据增长趋势产生误判。在对比实验中，本书以 Sample+Seek 为代表进行对比。

Eric Blais 等人在文献 [28] 中提出，在近似查询处理中除了近似结果的误差必须为可控之外，不同类别之间的排序顺序也必须是准确的，因为这决定了用户的判断准确与否。由此他们提出了基于结果顺序保证（Order Guarantee）的抽样方式，使得结果中不同类别的排序与真实结果中的排序是完全一致的。该工作的局限之处在于仅适合于柱状图等较为简单的可视化方式，并且要求查询结果为 SUM，AVERAGE 和 GROUP BY 等聚合操作。对热力图这种对结果分类非常多的图形，该算法仍然存在效率较低的问题，并且不支持散点图。

VAS[29] 中提出了能够提供近似散点图的一种抽样算法。该算法的核心思想为：散点图中每个点对整个图像的贡献度和该点与其周围的点的距离有关。如果一个点周围已经有很多点存在了，那么该点对图像的贡献度就较低，因为从人的视觉上看，其周围的点能够表达出该点所表达的信息；反之，如果一个点周围的点非常少，则该点对于整个图像的贡献度就高。基于此，文章给出能够计算任意点对整个图像的贡献度的函数，然后以该函数为基础对数据集进行抽样。VAS 的不足之处在于仅支持散点图的可视化方式，且不支持 ad-hoc 查询；虽然能够给出近似的图像，但是并没有给出近似图像与原始图像的相似度；最重要的是，VAS 的抽样算法复杂度太高 [$O(N^3)$，N 为数据集中记录数量]，虽然文献提出优化算法，但是实际抽样过程仍然非常耗时。在对比实验中，本书也选择了 VAS 进行对比。

除此之外，还有其他的文章也采用了近似查询处理技术，AQP++[30] 将抽样和预处理技术结合起来，进一步提高了查询处理的性能，文献 [31] 提出智能抽样的方式，文献 [32] 使用分层抽样来处理日志管理系统中的查询，文献 [33] 使用分层抽样同时降低样本大小和误差范围，并且提出了以增量的方式进行样本维护。文献 [34] 首次提出利用视觉的局限性（Perceptual Limitation）进行抽样，文献 [35] 构造了一个名为 M4 的系统，它是一种能够处理时间序列数据，适用于折线图的无误差的抽样方式，并在 VDDA[36] 中扩展了该方法适用的可视化图像类型。G-OLA[20] 重点解决交互式聚合 OLAP 查询的性能问题，SynopViz[37] 和 Skydive[38] 采用建立分层、多尺度模型的方式提高对数据集的访问和可视化性能。文献 [39] 将近似查询处理中的误差视为一个优化问题。文献 [40] 使用分层抽样技术处理日志数据。文献 [41] 使用在线聚合和分层抽样技术处理稀疏数据。文献 [26-27,30,42-47] 也采用近似查询处理的方案。

　　以上提到的基于近似查询技术的方法中，大多数不支持 ad-hoc 查询，在能够支持 ad-hoc 查询的方法中，例如 Sample+Seek，也不能很好地支持散点图的绘制。本书在研究过程中借鉴了近似查询处理的思想，向用户提供近似的可视化图像以提高响应速度。与以上方法相比，本书提出的模型的优势有两个方面，一是除了能够提供近似图像之外，还能够提供精确的图像；二是在提供同样近似程度的图像时，本书提出的方法具有更高的性能。

2.1.2　基于大数据管理系统的方法

　　可视化系统中，海量数据一般是交由分布式大数据管理系统处理，例如 Hadoop[48]，Spark[49]，Hive[50]，Impala[51]，Presto[52]，Dremel[53]，Drill[54]，Power-Drill[55]，Druid[56] 及 Pinot[57]，这些系统利用分布式架构的强大性能和可扩展性对海量数据进行管理。所以在现有大数据管理系统之上做数据可视化能够大大减少系统设计和开发的代价，充分利用已经在数据管理系统上实现的各种优化技术。由于数据集之间和应用之间差别非常大，上述系统中的某些系统针对不同数据集和查询的特性，提供了一些专用解决方案。例如，Driud 采用了高性能分布式的列存数据库，Dremel 将多个层级的可执行树和一个数据列框架进行整合，来存储只读的嵌套数据等。

HadoopViz[58] 以 Hadoop 系统为基础，以离线方式生成极高分辨率的图像，方便用户对图像进行放大缩小操作。它利用 MapReduce 对数据的处理思想，将生成高分辨率图像过程分为三个子过程：切分—绘制—合并（Partition-Plot-Merge），另外使用平滑处理函数对一些空间上距离较近的数据进行融合处理，以此进一步提高系统性能。但是 HadoopViz 的重点在于离线生成图像，并不支持本书重点要解决的数据交互式可视化问题，同时也不支持 ad-hoc 查询。GeoSparkViz[59] 与 Hadoop 类似，重点也是离线生成高分辨率的图像，不同之处在于将数据管理系统换成了 Spark，SwiftTuna[60-61] 同样也使用 Spark。

Scuba[62] 是脸书（Facebook）公司用于支持可视化系统的后台系统。Scuba 旨在对查询需求提供快速响应，所以对于一些结果较大的查询，为了解决系统的响应时间较长的问题，Scuba 采取非常简单的措施，即强制截断返回结果超过 100 000 行的数据并且忽略响应时间超过 10ms 的服务器。由此 Scuba 就无法保证其所生成的可视化图像的准确性和近似度，即最终的显示结果的误差可以是任意大的。所以 Scuba 的缺点是数据规模可扩展性差，同时也无法对用户查询的响应率和正确性提供保证。这些问题的原因之一是 Scuba 中数据管理系统和可视化系统也是松耦合的，所以它不可避免地存在过量处理数据的问题，即所处理的数据远大于可视化需要的数据。

还有其他利用大数据管理系统构建可视化系统的方法 [45,63-69]，微软的 PowerBI[70] 使用 DirectQuery[71]，Polaris 和 Tableau[72-74] 为多种数据分析管理系统提供了插件，几乎支持所有常见的关系型或者非关系型数据库，甚至特定格式的数据文件。但是，这两者的目的都是提供通用的可视化工具，并没有对可视化系统和后台数据管理系统进行整合优化，响应时间很大程度上取决于后台数据管理系统的查询执行时间，所以在数据量非常大或者查询结果非常大的情况下，仍然存在响应时间过长的问题，并且绘制数据的时间也会非常长。例如，当返回的数据超过 100 万行时，Tableau 需要几十秒进行绘制，所以用户必须很小心地避免发出一些让系统变慢的查询。IBM 的 BigSheets[75] 利用 Spark 系统的批量执行模式为用户提供交互式的查询，为了提高响应时间，其查询仍然是执行在数据集的一个样本上。ScalaR[76] 以传统的关系型数据库为基础，使用数据缩减方式为用户提供交互式可视化结果，文献 [77] 使用 MapReduce 对图形进行并行化绘制，其重点为对图像的绘制进行优化。Taghreed[78-79] 是能够处理大规模微博数据的系统。

除上述提到的基于常见大数据管理平台的可视化系统之外，还有基于其他平台的可视化系统，例如 OmniSci[80] 采用了 GPU 硬件平台对海量数据的查询和可视化进行加速，将数据的查询处理以及图像绘制都在服务端完成，减小了客户端的压力。Kyrix[9] 提供了支持用户自定义弹性可视化图像的模型，并且内置了多种可视化图像类型，但是它并不支持在连续型数据上的任意区间的 ad-hoc 查询。

上述提到的基于大数据管理系统的可视化技术的一个显著缺点是这些技术仍然无法解决查询的响应时间过长的问题，从而不能满足用户交互式数据可视化的需求。产生这个问题的一个非常重要的原因是这些系统的目的是提供通用的数据管理功能，并没有与可视化引擎进行整合优化，在执行查询和处理数据时，后台数据库系统并未考虑到前端显示的种种限制，导致在对数据进行处理时会产生大量对前端显示来说无用的结果，增加了查询引擎的负担和前端显示绘制时的工作量。

2.1.3　基于数据立方的方法

数据立方（Datacube）是为了支持快速查询而设计的一种特殊的数据结构，在该结构中存储了针对数据表中所有字段每个可能组合的各种聚合操作的结果 [81-82]。理论上，具有 n 个属性的数据表，其所对应的数据立方中每一种聚合操作都有 2^n 个结果，例如表具有 A 和 B 两个属性，则其对应的数据立方中，每一个聚合操作都有 4 个值，包括无属性，只有属性 A，只有属性 B 和同时具有属性 A 和属性 B 。需要注意的是，一个数据立方中的数据可以具有任意维数。非常多的可视化系统建立在数据立方的基础之上，或者借鉴了数据立方的思想 [8,47,67,83-89]。

Nanocubes[83] 设计了一种新的数据立方生成方式，通过采用层级结构，将数据立方压缩为粒度更小的 Nanocube，然后存储在内存中以提高响应速度。但是正如该文献所指出的，将数据放在内存的很大弊端就是无法处理超大规模的数据，例如仅 2.2 亿条推特数据所生成的数据立方，就占用了 45GB 的内存，已经超过了目前绝大多数的普通计算机的内存，而本书用于实验的数据集中有的包含 13 亿条数据，远远超出了该方法的处理能力。

imMens[47] 将数据立方和抽样技术结合起来加速大规模数据的可视化处理。它首先提出数据可视化应基于显示终端的硬件条件而非数据集大小，因为显示终端的硬件和用户视觉接受能力都是有限制的，超出这些限制的数据会造成大量的过度绘制（Over-plotting），而这些过度绘制并不会提高可视化图像的质量或者传递给用户更多信息。同时，如果单独使用抽样技术对数据进行归约，会丢失数据中的一些细节，而通常这些细节又是非常有价值的。由此 imMens 引入了多元数据块（Multivariate Data Tiles）的概念，利用多元数据块来预处理和动态加载数据以支持用户放大缩小的交互式操作，其中每一个数据块都是将数据立方分解为 3 维或者 4 维的映射的集合。为了进一步提高响应速度，imMens 还采取了并行查询处理技术以及 GPU 平台，以 WebGL 为基础构建了可视化系统。

Cubrick[87] 是一个基于内存的分布式多维度数据库中间件，旨在提高 OLAP 查询的响应速度。它与数据立方的设计思想类似，Cubrick 将数据表中所有维度按照区间进行拆分，存储于 Bricks 数据结构中，然后构建了支持高速访问的索引方式。为加速数据更新过程，数据块的存储方式是无序的。由于采用分布式结构并且数据块及索引都存储于内存中，所以可以提供亚秒级响应速度。

还有一些系统通过对数据进行预处理来获取一些特定信息 [16,90-99]，然后利用这些信息加快查询的执行，降低查询响应时间，但是这些方案的不足之处在于需要有工作负载的支持，在很多情况下工作负载是无法提前得知的，或者工作负载的变化非常大，导致预处理的信息并不能适用于变化后的负载。此外，对于 ad-hoc 查询，这类方案通常没有好的解决方法，而本书提出的模型可以对这些查询进行处理。

基于数据立方技术的方法主要有以下缺点：一是需要大量的预处理

时间以及额外的存储空间，这是因为需要对所有可能的属性组合进行预计算并存储其结果。虽然有很多优化方式，例如通过对工作负载进行分析来减少对访问频率较低的属性组合的计算，或者允许用户指定属性组合等方式，但是仍然不可避免地带来大量的计算工作，同时，属性数量增长所带来的空间需求爆炸问题也无法回避。二是对动态数据集支持度较低。在动态数据集中，时时刻刻有大量的数据插入和更新操作，每一次插入和更新都需要数据立方更新大量的预处理结果，会造成系统性能急剧下降。三是大多数基于数据立方技术的方法无法支持 ad-hoc 查询，即使对于 Nanocubes 这样基于内存的系统，可以通过增加一些技术和数据结构来支持 ad-hoc 查询，但是同时又会带来对内存大小的过度要求。本书提出的系统使用后台数据库来存储预处理数据，所以可以支持更大的数据集。

2.2　以前端显示为中心的方法

以前端显示为中心的方法可以分为基于预加载技术的方法和基于逐步更新技术的方法两个子类。

2.2.1　基于预加载技术的方法

预加载（Pre-fetching）是指预先读取在未来可能会使用的数据的技术，它在计算机的多个领域都有广泛的应用，例如缓存预加载、指令预加载、链接预加载等。在数据可视化中，很多工作也借鉴了这个思想[90-92,100-101]，可视化系统中的预加载是指在可视化查询发出之前，系统将可能被查询的数据或者图像预先加载到内存的技术，它能够显著降低某些可视化查询的响应时间。预加载技术的核心是预测，通过各种已知数据和预测技术，判断哪些数据会在接下来的查询中使用，所以潜在的危险是预加载的数据有可能不会被使用，从而浪费掉已用的空间和时间。

ForeCache[90]首先对图像数据进行分块（Tile），然后通过两种方式预测需要预加载的数据块：一是根据用户最近操作的动作信息，例如移动的位置，放大或者缩小的维度等，利用机器学习中的模型预测用户的下一步动作，然后将对应图像块预先加载到内存；二是根据数据的一些特征来预加载，例如与用户过往查看过的相似的数据。

Atlas[100] 主要的处理时间序列数据，它将分布式并行数据库和预加载技术相结合，并开发了前端可视化界面。在预测中，Atlas 将用户操作分成了 6 类，即上下左右移动和放大缩小，根据用户当前的动作来预测下一步可能需要显示的数据。例如，用户向左移动的时间窗口为 t，则下一个动作很有可能是继续向左移动 $t+1$，那么 Atlas 就将 $t+1$ 窗口内的数据预先加载以提高响应速度。

IDEA[101] 中除了利用了预加载之外，还融合了近似查询处理和数据立方等技术。在 IDEA 中，每个聚合查询的结果被当成随机变量并在后续查询中进行重复利用，以降低近似查询结果的误差。与其他基于抽样技术的近似查询技术类似，为了支持对记录较少的类别的查询（Rare Subpopulation），IDEA 还引入了特殊的索引方式（Tail Index）对这些数据进行索引。

除此之外，还有很多工作采用了预加载技术提高可视化查询的响应速度，例如文献 [102] 和文献 [103] 提出了使用马尔科夫链（Markov Chain）的方式来预测用户的行为，

文献 [104] 除了使用马尔科夫链之外还使用了其他多种策略来进行预测，文献 [105] 使用了与 ForeCache 类似的技术来处理空间数据，文献 [106] 同时使用了马尔科夫链和 ForeCache 中的技术。

预加载技术主要有以下两个缺点：一是需要预备知识，例如工作负载等，在没有任何预备知识的情况下就需要冷启动（Cold start）的过程，以缓存用户的一些动作或者查询等，所以对 ad-hoc 查询支持度不高。另外，ad-hoc 查询也对各种预测技术带来巨大挑战，预测的成功几率是无法保证的。二是预加载技术只是通过预先读取的方式缩短了查询响应时间，并没有真正缩短数据的读取时间或者降低结果的大小，仍然没有减少前端系统绘制图像的工作量，即没有解决本书在 1.2.1 节中提出的第一个挑战。

2.2.2　基于逐步更新技术的方法

逐步更新（Progressively Update），也叫在线聚合（Online Aggregation）[107] 或者逐步分析（Progressively Analytics）[31,108-109]，被广泛应用于海量数据的查询分析处理中。在满足交互式数据可视化的系统中，也被大量采用以提升用户体验 [8,27,31,46,110-113]。逐步更新的核心思想是当接收到用户的可视化查询请求之后通过查询重写（Query Rewritten）方式将原始查询划分为若干个子查询，每个子查询的执行速度很快，所以可以逐步或者分批并行执行子查询，每执行完一个子查询就将部分结果返回给用户，在返回结果时可能涉及结果之间的合并等问题。

Drum[114] 旨在给用户提供有节奏的逐步更新的方案，其在对原始查询进行切分重写时，所生成的子查询（文献中称为 mini-query）并不是均匀的。Drum 通过收集数据库在执行前序子查询时的一些统计信息，动态地调整后续子查询的大小，力求能让各个子查询以均匀的速度返回结果，例如每 2s 更新一次，从而避免各个子查询之间的响应速度或者结果大小相差过大而降低用户体验。由于在第一个子查询发出之前，即冷启动阶段，Drum 没有数据库的统计信息，所以需要发送若干返回速度非常快的测试查询，然后利用这些测试查询来获取数据库性能的相关统计信息。

DICE[8] 将近似查询和逐步更新两种技术结合起来，使用随机和分层抽样的方式生成一个样本，在接收到用户请求之后首先查询样本数据，将结果快速返回给用户，然后将在原始数据集上执行的子查询结果逐步返回给用户。Hillview[46] 构建了一个支持逐步更新的表格系统，其后台使用的是 Sketch[115]。VizDom[116] 将逐步更新和近似查询处理技术相结合，为机器学习提供 API。

还有很多采用逐步更新或者借鉴该思想的方法，例如 HOP[117-118] 将 MapReduce 框架进行了修改以支持流水线（Pipeline）任务，并允许将完成的部分任务逐步返回。EARL[119] 使用统计学中的自举法（Bootstrap）来计算近似结果的可信度。Progressive Insights [108] 旨在从医疗数据的事件序列中寻找共同的子序列，且支持逐步更新的可视化界面。PIVE[120] 将诸如聚类或者降维等迭代算法进行调整以适应有限的屏幕分辨率。DimXplorer[109] 使用抽样技术来提高响应速度，使用主成分分析法（PCA）等降维算法进行逐步计算。Stat![121] 使用流处理引擎实现逐步更新。Tempe[122] 是微软开发的支持逐步更新的可视化方式的项目，其主要支持的对象是流式数据和时态数据。VisTrees[123] 是一种专门为直方图可视化构建的特殊索引。Profiler[89] 和 Foresight[124] 旨在逐步发现数据中的异常点。NeedleTail[125] 提供轻量级的基于内存的索引方式来快速生成和访问一个随机样本。

逐步更新的方法与本书提出的各种模型和方法并无冲突，并且可以将该思想应用于本书的处理模型中，以逐步更新的方式使得近似图像越来越接近原始图像，或者将本书的方法应用于上述提到的基于逐步更新的方法中。

2.3　商业数据可视化系统

由于数据可视化，特别是数据交互式可视化对数据分析和浏览极为重要，所以很多商业公司发布了非常多的商业数据可视化系统，包 括 Advizor[126]，Congnos[127]，Jaspersoft[128]，JMP[129]，PowerBI[70]，Spotfire[130]，Tableau[131] 等。这些系统各具特色，功能和所支持的数据格式及可视化图像类型也都不尽相同，表 2-1 对现有常见商业可视化系统的功能和支持的数据类型做了简单梳理总结，Lumira[132] 和 QlikView[133] 并未公开其支持的数据类型，所以在此没有统计。

可以看到，Tableau 和 PowerBI 是这些商业可视化系统中功能较为完善的两个系统。此外，还有一些开源的可视化系统，例如 Superset[134]，Cloudberry[135-136] 等。这其中的大部分系统仍然面临数据规模增长带来的计算挑战，如前面所述，即使 Tableau 这样极为成熟的商业系统，在对百万级别的数据处理时就已经远远超出了交互式可视化对响应时间的需求了，根据 VAS[29] 中的实验，Tableau 仅仅绘制 5 千万条记录就耗时超过 4 min。

表 2-1　常见商业可视化系统对数据类型的支持情况[14]

数据类型	Advizor	Congnos	Jaspersoft	JMP	PowerBI	Spotfire	Tableau
数值（含误差）	√			√	√	√	√
数值（非连续）	√			√	√	√	
复杂事件序列	√			√	√		√
集合	√	√			√		√
关系型/网络	√				√		√
空间数据点	√	√	√	√	√	√	√
空间轨迹					√	√	√
空间区域	√	√			√	√	√
文本	√	√	√	√	√	√	√
字符串（DNA）	√				√		
图像		√	√	√	√	√	
视频		√					

2.4　小结

根据不同方法和系统所采用的技术路线，本章从基于近似查询处理的方法、基于大数据管理系统的方法、基于数据立方的方法、基于预加载技术的方法和基于逐步更新技术的方法等五个类别总结和分析了部分相关工作，最后对常见的商业可视化系统和其支持的数据类型及可视化方式进行了梳理总结。这些相关工作主要存在以下不足之处：

1）大多数系统需要诸如工作负载之类的预备知识，或者按照预定模式对数据集进行预处理，仅支持特定的查询，缺少对 ad-hoc 查询的支持。

2）部分系统采用基于内存的方式提高查询响应速度，由此导致其可扩展性较差，无法处理超大规模的数据集。

3）部分系统仅能支持柱状图、饼图等数据值较少的可视化图像类型，对散点图和热力图等不能提供支持。

本书所做的研究工作受到 AQP、数据立方等技术的启发和影响，除此之外，本书提出的方法和模型能够和基于逐步更新技术的方法（2.2.2 节）结合使用，进一步提高响应速度和用户体验。

第3章 可视化图像的相似度研究

向用户提供近似可视化图像是本书的核心方法之一，在后续章节对连续型和离散型数据的处理中都使用了图像近似方法，所以本书首先阐述对近似可视化图像所做的研究。提供近似图像的原因主要包括如下三点：1）显示终端硬件条件有限，导致图像显示精度有限；2）许多应用场景下，用户通过近似可视化图像即可获得所需信息；3）数据规模过大且增长速度过快，可视化系统无法在交互式可视化要求的响应时间内生成原始图像。

不同的文献研究方法中对图像的近似度有不同的描述，例如质量、距离等，为方便说明，在不引起混淆的情况下，本书根据上下文环境使用对应的描述方式，并将其含义统一为近似图像与原始图像越相似，则近似度越高、质量越高、距离越小/近。当提供近似可视化图像时，一个基本问题是近似图像与原始图像近似度有多大才能被用户接受？即需要对图像的近似度和用户的接受程度进行测量。

本章首先阐述了本书生成近似可视化图像的方式，给出了适用于该生成方式的近似度函数的属性，并描述了目前常见的两种测量函数的原理，讨论了其优缺点，创新性地提出使用两种测量函数相结合的思想并给出在本书中使用的代表性函数（Jaccard 函数），还提出及设计了采用用户调研的方式来获取用户能够接受的图像最低近似度阈值的方法和步骤。

3.1 近似图像生成方式和相似度函数属性

（1）生成方式

为了生成能够满足用户需求的近似可视化图像，本书首先假设用户指定了能接受的图像的最低近似度阈值为 τ。在生成近似图像过程中，当近似度小于 τ 时，本书提出的模型是通过获取更多数据的方式来提高图像的近似度。即，当用于生成近似图像的数据量增多时，所生成的图像的近似度是提高的，因为其能够表达的有用的信息增多了。反之，当获取的数据量大于生成原始图像所用的数据量时，所生成的近似图像的近似度是下降的，因为其包含的错误信息增多了。

（2）近似度函数属性

根据上述近似图像的生成方式，在使用近似度函数对图像近似度进行计算时，所用近似度函数应能够满足如下两个属性：

定义 3-1（子集增长单调性）：设 I^1, I^2, I^3 为三个数据记录集合，且 $I^1 \subseteq I^2 \subseteq I^3$，若对于函数 $\mathcal{F}$，有 $\mathcal{F}(V_{I^1}, V_{I^3}) \leqslant \mathcal{F}(V_{I^2}, V_{I^3})$，则称函数 $\mathcal{F}$ 具有子集增长单调性（Subset Increasing Monotonocity）。

定义 3-2（超集降低单调性）：设 I^3, I^4, I^5 为三个数据记录集合，且 $I^3 \subseteq I^4 \subseteq I^5$，若对于函数 $\mathcal{F}$，有 $\mathcal{F}(V_{I^4}, V_{I^3}) \geqslant \mathcal{F}(V_{I^5}, V_{I^3})$，则称函数 $\mathcal{F}$ 具有超集降低单调性（Superset Decreasing Monotonocity）。

在以上两个属性的形式化定义中，V 为使用数据记录集合生成的散点图图像。图 3-1 更加清晰地阐述了这两个属性，图中 X 轴为数据记录的集合大小，从左至右表示集合越来越大，右边集合为左边集合的超集。I^3 为生成原始图像所使用的数据记录集合。

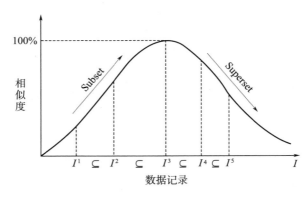

图 3-1　图像近似度函数的单调性

从图中可知，子集增长单调性是指当向 P 的一个子集中增加更多 P 中的数据记录时，所获得的散点图会更加接近于原始图像 V_B，即近似度是增长的；超集降低单调性是指当向集合 P 中增加更多其超集中的数据记录时，所生成的图像会更加偏离于原始图像 V_B，即近似度是降低的。

3.2　图像相似度测量

图像近似度测量主要包括两类算法，一类是从图形学的角度对用户的视觉感知进行量化。该类算法对图像中的每一个像素进行处理，通过考虑像素 RGB 三原色的值（对支持透明度的图像格式可以增加对 alpha 值的考虑）的方式从不同角度对近似度进行测量。本书称这类函数为**基于 RGB 的图像近似度测量函数**。第二类是从可视化图像所展示的数据出发，对可视化图像的近似度进行测量。在数据可视化中，每个显示单元（即单个像素或者特定形状的区域）背后都代表了从数据表中获取的一个或者一组数据值，所以在对数据可视化图像的近似度进行测量时，需要考虑图像背后所代表的数据值。本书称这类函数为**基于数据的图像近似度测量函数**。这两类近似度函数都有其意义和价值，本节首先对这两类图像测量函数进行详细描述，然后提出将两类函数结合的方法，最后对本书中使用的代表性函数进行了详细描述。

3.2.1　基于 RGB 的图像相似度测量函数

图像近似度测量是图形学领域的一个经典问题，目前有非常多的测量算法，例如感知哈希（Perceptual Hash）[137]，均方差（MSE, Mean Squred Error）[138]，PSNR[138]，SSIM[139-140]，EMD[141] 等，此类函数的侧重点是通过两个图像所包含的像素的近似程度来测量用户感知的图像近似程度。

感知哈希是目前图片搜索引擎中常用的图像近似度测量算法，图 3-2 显示了利用该算法来计算两个分辨率为 $M \times N$ 的图像 A 和 B 近似程度的典型过程。在感知哈希算法中，为了减少计算量，首先将两个待比较的原始图像分别转换为两个单通道的灰度图像，即仅具有灰度值（0~255）；为进一步降低计算量，可以对图像的分辨率进行压缩，生成压缩图像，例如仅有 64×64 或者 8×8 大小。接下来，将缩小之后的灰度图像转换为两个对应的向量，称为图像指纹，向量中的每一个值都对应于图像中的一个像素。假设 X_{ij} 为像素 (i, j) 的灰度值，μ 为整个图像的平均灰度值，即 $\dfrac{1}{M \times N} \sum\limits_{i=1}^{M} \sum\limits_{j=1}^{N} X_{ij}$，则可以利用下面这个转换函数将每一个像素映射为 0 或者 1

$$f(i, j) = \begin{cases} 1, X(i, j) \geqslant \mu \\ 0, X(i, j) < \mu \end{cases} \tag{3-1}$$

对映射之后的两个向量，可以用很多函数来计算其距离并得到这两个原始图像 A 和 B 之间的近似度，例如使用汉明（Hamming）距离或欧式距离等。

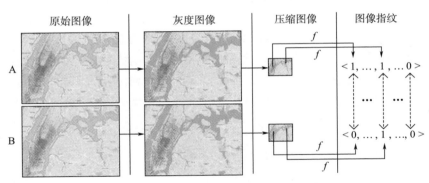

图 3-2　使用感知哈希测量图像近似度（彩插）

感知哈希的计算方式和思路较为简单，还有其他较为复杂的近似度测量函数，例如 PSNR 和 SSIM 等，这两者都是以 MSE 为基础，MSE 计算公式为

$$\text{MSE} = \frac{1}{H \times W} \sum\limits_{i=1}^{H} \sum\limits_{j=1}^{W} (X(i, j) - Y(i, j))^2 \tag{3-2}$$

其中 H 和 W 为图像的分辨率，$X(i,j)$ 和 $Y(i,j)$ 分别为图像 X 和 Y 对应的像素的 RGB 值。

PSNR（Peak Signal to Noise Ratio）为峰值信噪比，是一种普遍使用的图像评价指标。其核心思想是基于对应像素点间的误差，即对误差非常敏感，而并未考虑到人眼的视觉特性。例如，人眼对亮度差异的敏感度比对色度差异的敏感度高，对某个区域的感知结果会受到其周围临近区域的影响等，所以 PSNR 的结果有时会与人的主观感觉不一致。PSNR 的计算公式如下

$$\text{PSNR} = 10 \log_{10}(\frac{(2^n - 1)^2}{\text{MSE}}) \tag{3-3}$$

公式中 n 为图像中每个像素的每个颜色占用的比特数，一般取值为 8，即 RGB 中或者灰度图像中每个颜色值使用 8bit 来存储（取值范围为 0 ~ 2^8-1）。PSNR 所得结果的单位为 dB，其值越大表示两个图像近似程度越高。

SSIM（Structural Similarity）为结构相似性，计算公式为

$$\text{SSIM} = l(X,Y) \times c(X,Y) \times s(X,Y) \tag{3-4}$$

其中函数 l，c 和 s 分别为图像的亮度（l）、对比度（c）和结构（s），即 SSIM 从这三个维度对图像近似度进行测量，三个维度的定义分别为

$$\begin{cases} l(X,Y) = \dfrac{2\mu_X \mu_Y + C_1}{\mu_X^2 + \mu_Y^2 + C_1} \\[2ex] c(X,Y) = \dfrac{2\sigma_X \sigma_Y + C_2}{\sigma_X^2 + \sigma_Y^2 + C_2} \\[2ex] s(X,Y) = \dfrac{\sigma_{XY} + C_3}{\sigma_X \sigma_Y + C_3} \end{cases} \tag{3-5}$$

其中 C_1，C_2，C_3 是为了避免分母为零而设置的常数，通常取 $C_1 = (K_1 \times L)^2$，$C_2 = (K_2 \times L)^2$，$C_3 = C_2/2$。根据经验，$K_1 = 0.01$，$K_2 = 0.03$，$L = 255$。μ_X 和 μ_Y 分别表示两个图像 X 和 Y 的 RGB 的均值，σ_X 和 σ_Y 分别为两个图像的方差，σ_{XY} 为两个图像的协方差，三者定义分别为

$$
\begin{cases}
\mu_X = \dfrac{1}{H \times W} \sum_{i=1}^{H} \sum_{j=1}^{W} X(i, j) \\[2mm]
\sigma_X^2 = \dfrac{1}{H \times W - 1} \sum_{i=1}^{H} \sum_{j=1}^{W} (X(i, j) - \mu_X)^2 \\[2mm]
\sigma_{XY} = \dfrac{1}{H \times W - 1} \sum_{i=1}^{H} \sum_{j=1}^{W} ((X(i, j) - \mu_X)(Y(i, j) - \mu_Y))
\end{cases}
\tag{3-6}
$$

SSIM 的取值范围为 [0, 1]，值越大表示两个图像近似度越高。

　　讨论。上述介绍的图像近似度测量函数将图像中的所有像素统一处理，并未考虑同一图像内像素之间的差别，这在数据可视化图像的对比测量中与用户的实际感知是不相符的。例如，考虑一种极端情况，如图 3-3 所示，有两幅分辨率为 10×10 的散点图，其中原始图像中有两个未重合的数据点，而近似图像中仅有一个数据点。

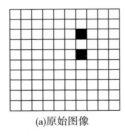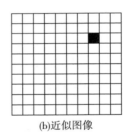

(a)原始图像　　　　　　　　(b)近似图像

图 3-3　图像近似度计算示例

　　用上述任意一个函数测量这两个散点图，所得结果都会有非常高的近似度。以感知哈希算法为例，不对图像进行压缩，使用欧式距离计算图像指纹向量，则两个图像的相似程度高达 99%。但是对于用户来讲，显然无法接受这样的近似图像，或者不同意其相似度有 99%，因为近似图像中包含的信息仅有原始图像包含的信息的一半。究其原因，是因为在上述函数中，将与数据表达无关的背景像素也纳入了计算范围，而用户在观察时通常会自动忽略背景像素，仅观察包含数据的像素，所以此类函数计算得出的近似度与用户感觉的近似度误差较大。更重要的是，当图像分辨率更改时，此类函数所得到的近似度也会随之改变。例如，当图 3-3 的分辨率变为 100×100 的时候，感知哈希的近似程度会变为

99.99%，这显然不符合用户对数据可视化图像的认知规律。综上所述，基于 RGB 的图像近似度测量函数存在两个缺点：1）对图像中的像素无差别处理，不符合用户对数据可视化图像的感知方式；2）测量结果随分辨率变化而变化，不符合对数据可视化图像的认知规律。

3.2.2　基于数据的图像相似度测量函数

此类函数的侧重点在于图像中每个显示单元①背后所代表的数据值，例如 DP（Distribution Precision）函数[26]，假设用该函数测量两个分辨率为 $m \times n$ 的图像 X 和 Y 的相似程度，其公式如下

$$\mathrm{DP}(X,Y) = \sqrt{\sum_{i=1}^{m}\sum_{j=1}^{n}\left(\frac{X_{i,j}}{|X|} - \frac{Y_{i,j}}{|Y|}\right)^2} \tag{3-7}$$

其中 $X_{i,j}$ 为图中像素 (i, j) 所代表的数据的值，例如，在散点图中，该值为 0（该像素处无数据）或者 1（该像素处有数据）；在热力图中，像素代表的数据值为该像素区域的数据记录的数量。$|X| = \sum_{i=1}^{m}\sum_{j=1}^{n} X_{i,j}$，$|Y| = \sum_{i=1}^{m}\sum_{j=1}^{n} Y_{i,j}$，分别为 X 和 Y 图像中所有像素代表的数据的值的总和。由此可见，该函数仅对可视化图像中所蕴含的数据进行比较，与用户真实所见的图像的 RGB 值无关。

以该函数测量图 3-3 中两个图像的近似度，可得 DP = 0.71。即近似图像虽然只代表显示了原始图像一半的信息，但是该函数认为用户从视觉上感知二者具有 71% 的近似度，与使用感知哈希计算得到的 99% 相比，更加合理。

讨论。此类函数的主要不足之处在于通用性较差，因为这类函数通常是为某些特定的图像或者结果类型进行设计，而在设计时带有作者的主观意愿，大多并未通过广泛的用户调查进行检验，所以在使用时需要用户对其选定的函数非常熟悉。

DP 近似度的区间估计。由于 DP 函数中有将数据归一化的过程，所以该函数并不满足本书提出的两个单调性属性，即获取更多的数据

---

① 例如散点图中的数据点、热力图中的每个格子或者饼图中的每个扇形等。

记录，并不一定能够提高该函数生成的近似度，所以并不能够直接用于本书的模型中。虽然增加记录不一定能够提高 DP 函数计算的近似度的值，但是仍然能够计算出该函数计算的近似度的下限。

由于散点图中仅包含 0 和 1，无法表达像素对应位置数据记录的数量，为了使说明更加清晰，本书以热力图为例进行说明。假设 $V(Q)$ 为全部查询数据生成的原始热力图，V_a 为使用全部查询数据的一部分子集生成的近似热力图，V_θ 为使用全部查询数据的超集生成的热力图，$\alpha_{i,j}$，$\theta_{i,j}$ 及 $x_{i,j}$ 分别为 V_a，V_θ 和 $V(Q)$ 中第 (i,j) 格子中的值。显然，在所有区域中，对任意的 $x_{i,j}$，有 $\alpha_{i,j} \leqslant x_{i,j} \leqslant \theta_{i,j}$。为了找到 V_a 和 $V(Q)$ 之间的最大 DP 距离 D，即 DP 的近似度下限，需解决如下优化问题

$$\max_{x_{i,j} \in Z^+} f(x_{1,1}, x_{1,2}, ..., x_{1,n}, x_{2,1}, x_{2,2}, ..., x_{m,n})$$

其中
$$f(...) = \sqrt{\sum_{i=1}^{m}\sum_{j=1}^{n}\left(\frac{x_{i,j}}{|V(Q)|} - \frac{\alpha_{i,j}}{|V_a|}\right)^2}$$

且
$$\alpha_{i,j} \leqslant x_{i,j} \leqslant \theta_{i,j}$$

且
$$|V(Q)| = \sum_{i=1}^{m}\sum_{j=1}^{n}x_{i,j}, \quad |V_a| = \sum_{i=1}^{m}\sum_{j=1}^{n}\alpha_{i,j}$$

这个优化问题非常复杂，为了计算函数 f 的准确的最大值，需要考虑所有的边界点及其所有组合情况，即有 2^n 种情况需要计算。

本书提出了一种能够快速找到函数 f 的最大值的方法。首先，将 V_a 和 V_θ 看作两个在 N 维空间的向量，其中 $N=m \times n$。则 $V(Q)$ 为终止点在由 V_a 和 V_θ 所构成的超矩形（hyper-rectangle）空间中的任意点的向量。另外，归一化之后的两个分项 $\frac{x_{i,j}}{|V(Q)|}$ 和 $\frac{\alpha_{i,j}}{|V_a|}$ 为 $V(Q)$ 和 V_a 在超平面（hyper-plane）$\sum x_{i,j} = 1$ 上的投影。将其分别记为 $\tilde{V}(Q)$ 和 $\tilde{V}_a$ 则对于函数 f 来说，就是两个投影 $\tilde{V}(Q)$ 和 $\tilde{V}_a$ 的距离。

现在，考虑如何将由 V_a 和 V_θ 构成的超矩形包围起来，并且这个超矩形的包围在超平面 $\sum x_{i,j} = 1$ 上的投影是一个超椭圆（hyper-ellipse）。因为向量 $V(Q)$ 在空间内被相同的包围所包围，则投影 $\tilde{V}(Q)$ 的终止点在

超平面上的投影也落在这个超椭圆内。所以，根据以上分析，$\tilde{V}_\alpha$ 和超椭圆的包围上任意点的最大距离可以视为 $\tilde{V}_\alpha$ 和 $\tilde{V}(Q)$ 的最大距离。则根据几何中的一些方法，例如四次多项式，可以计算出 $\tilde{V}_\alpha$ 和超椭圆的包围上任意点的距离的最大值，即 DP 所对应的质量的下限。

通过以上分析，可以看出，DP 函数虽然不具备两个单调性属性，即当增加数据记录时其计算的近似度有可能会降低，但是，仍然可以计算出其降低的范围，所以虽然不能用于本书提出的 Marviq 和 NSAV 模型，但是在实际实验对比中仍然具备很高的参考价值。

3.2.3　代表性函数

以上两种图像近似度测量函数从不同的角度对图像进行了比较，虽然并没有优劣之分，但是在数据可视化图像比较中，侧重点应在于图像本身能够给用户提供的信息，即从数据角度进行测量更符合用户对数据可视化图像的认知。事实上，可以将两种图像测量的思想进行融合，即将可视化图像按照像素是否包含数据进行区分，仅使用 RGB 图像近似度函数计算包含数据的像素，忽略与数据无关的背景像素。换言之，即将数据点作为像素，使用 RGB 图像近似度函数进行计算。

3.2 节中所给出的函数大多能够满足两个单调性属性，所以均可用于本书所提出的模型。例如，以 MSE 为例，针对图 3-1 中的集合，可以得到：$\mathrm{MSE}\,(V_{I^1},\,V_{I^3}) \leqslant \mathrm{MSE}\,(V_{I^2},\,V_{I^3})$ 以及 $\mathrm{MSE}\,(V_{I^4},\,V_{I^3}) \geqslant \mathrm{MSE}\,(V_{I^5},\,V_{I^3})$。同样的，PSNR，SSIM 也具备这两个属性[①]。所以在计算中，可以使用这些函数计算两个图像中包含数据值的像素。

Jaccard 函数。为了更易于阐述，本书需要在后续章节中使用一个具有代表性的函数来描述模型和图像生成过程。由于本书已经选定散点图作为代表性图像，为了使计算更加简单，本书选择使用 Jaccard 函数

---

① 除 PSNR、SSIM 之外，还有一个非常常见的图像近似度函数——EMD，但是 EMD 是一个非常特殊的函数，其思想是通过在两个图像之间移动数据而使其相等，其中移动的数据量和代价大小代表了图像的近似度大小，所以并不符合两个单调性的要求。同时，该函数可以归结为线性规划中的运输问题，所以计算代价非常高，从性能角度看也不适合用于对 ad-hoc 查询生成的图像近似度进行计算。

为图像近似度函数，对书中生成的各类散点图进行近似度测量，同时在测量时仅考虑有数据的像素。Jaccard 函数定义如下

$$\mathcal{J}(X,Y)=\frac{|X \cap Y|}{|X \cup Y|} \tag{3-8}$$

其中 X, Y 为两个散点图，$|X \cap Y|$ 和 $|X \cup Y|$ 分别为 X 和 Y 的交集和并集，其定义和运算规则与集合中对交集和并集的定义完全相同，如图 3-4 所示。

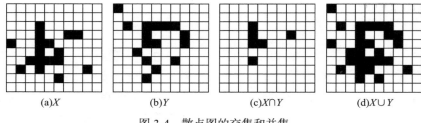

(a)X　　　　　　(b)Y　　　　　　(c)$X \cap Y$　　　　　　(d)$X \cup Y$

图 3-4　散点图的交集和并集

$|X|$ 为散点图 X 中包含的点的数量，在图 3-4 中 $|X|=17$，$|Y|=16$，$|X \cap Y|=6$，$X \cup Y=27$，则可得 $\mathcal{J}(X,Y)=\dfrac{6}{27}$，为简单起见，本书对近似度均采用百分比表达方式，即图像 X 和 Y 的 Jaccard 函数近似度为 22%。同样，可以计算得到图 3-3 中两个图像的 Jaccard 近似度为 50%。

需要注意的是，本章的目的并不是通过对图像近似度函数的研究，提出新的近似度函数，而是以现有近似度函数为基础，提出更加符合用户对数据可视化图像的视觉感知的测量方式，并且找出这些函数之间的共性，使得具有这些共性的函数，均可以用于本书提出的查询处理模型。

3.3　图像相似度阈值

可视化图像的请求和最终呈现对象是用户，对许多不具备专业知识的用户来讲，传统方法所提供的包含统计学或者计算机术语的结果较难理解，例如置信区间、置信度等，同时用户也无法直观地感知不同的

置信区间或者误差所对应的图像的差别。本书设计了一种通过用户调研的方式获取用户对图像最低近似度接受阈值的方法。该方法的核心是假定用户的最低接受度可以用阈值 τ 表示，任何与原始图像近似度大于 τ 的图像都能够被用户接受，即能够提供给用户足够的信息。可视化系统应保证生成的近似图像近似度不低于 τ。如图 3-5 所示，阈值 τ 的获取遵循如下步骤：

1）以给定的工作负载（或者随机生成若干查询请求）为基础，为每个可视化请求 J_i 生成一个原始图像 V_i 和若干近似图像 A_{i1}，A_{i2}，$\cdots$，A_{in}。其中原始图像为使用该请求的全部查询结果，近似图像的生成方式为：将 J_i 的查询结果均匀划分为 $n+1$ 份，然后递增地使用其中的若干份，生成对应的 n 个近似图像，即 A_{i1}, A_{i2} , $\cdots$, A_{in} 分别使用第 1 份，第 1~2 份，$\cdots$，第 1~n 份。使用的数据量越大，则生成的图像的近似度越高，所以近似图像 A_{i1}, A_{i2} , $\cdots$, A_{in} 的近似度是递增的。

2）针对每一个可视化请求 J_i 对应的一副原始图像和一组近似图像，让用户选择最低能够接受的近似图像 A_{ix}。因为近似图像的质量是递增的，所以对该组内大于 x 的近似图像，对用户来说都是可接受的。

3）使用图像近似度测量函数，将用户选中的最低可接受的近似图像与其对应的原始图像进行近似度计算，得到对应的图像近似度 q_i。即，计算每个可视化请求 $J_1, J_2, \cdots, J_n$ 的最低可接受的图像近似度 q_1, q_2, $\cdots$, q_n。

4）以 $q_1, q_2, \cdots, q_n$ 为基础，生成最终的用户可接受的图像近似度阈值 τ。

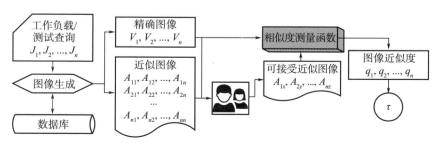

图 3-5　获取图像近似度阈值 τ

由于应用场景和用户的接受程度不同，在进行用户调研时有以下三点需要注意。第一，在确定 q_1, q_2, ..., q_n 时，可以采用多种方式，例如上述单用户多请求的方式，或者多用户单请求、多用户多请求。第二，最终使用 q_1, q_2, ..., q_n 确定 τ 时，可以使用其最大值、平均值、中位数等，或者采用高斯分布等更复杂的模型计算最终的阈值。第三，在生成近似图像时，对于其他文献中提出的生成方法，可以采用其对应的生成方式来生成近似度不同的图像，例如使用不同大小的样本。

3.4　小结

本章首先详细阐述了本书生成近似可视化图像的方式，然后给出适用于这种生成方式的近似度测量函数应具有的属性，即子集增长单调性和超集降低单调性。进一步，描述了目前常见的两种测量函数的原理并讨论了其优缺点，提出使用两种测量函数相结合的思想并给出在本书中使用的代表性函数——Jaccard 函数。最后设计了通过用户调研方式来获取用户能够接受的图像最低近似度阈值的步骤。

第4章 连续型数据处理模型

本章主要研究了可视化查询中查询属性为连续型数据的处理方式，提出了对该类查询的处理模型：Marviq（Materialization for spatial visualization with quality guarantee）。Marviq 将被查询的连续型属性按照其值域划分为区间（Interval），为每个区间生成其对应的可视化图像。这些图像被称为 MVS（Materialized Visualization Results）并且存储在数据库中。通过这些预生成的可视化图像和额外的部分数据记录，Marviq 可以为可视化请求生成原始图像。为满足交互式可视化对响应时间的需求，Marviq 还可以使用 MVS 生成不低于给定近似度阈值 τ 的近似图像，在图像近似度和响应时间之间做出平衡。为进一步节省存储空间并降低近似度的估计误差，本章将 MVS 扩展为能够支持多种不同分辨率图像的结构——MVS$^+$。根据是否已知工作负载，本章给出了建立高质量 MVS 的不同算法。为了降低中间件的负担，同时利用数据库的强大功能，Marviq 将 MVS 存储在数据库中。

本章首先阐述了 MVS 的基本结构和生成方式，提出并证明了利用 MVS 生成的近似图像的近似度计算公式，给出利用 MVS 响应可视化查询的算法。进一步，将 MVS 扩展为 MVS$^+$，并将 MVS 中的公式和算法进行相应扩展和证明。然后，详细阐述了 MVS$^+$ 中图像的建立、维护和存储方式，并将其适用范围进行了扩展。最后，利用用户调研和大量实验验证了 Marviq 的高效性。

4.1 MVS：预生成图像

本节首先给出 MVS 数据结构的详情，然后分析如何利用 MVS 来生成近似图像并计算其近似度下限。为了更加清晰地描述模型，本节首先考虑可视化图像类型为散点图，且查询中仅包含一个连续型属性，然在后面的章节中进一步扩展到热力图和多维属性的情况。

4.1.1 MVS 数据结构

MVS 数据结构用来存储每个数据区间预生成的可视化图像结果。Marviq 首先将连续型属性完整的值域划分为若干个区间，然后为每个区间生成散点图，将散点图存储在 MVS 中。该散点图被称为**精确图像**（EV，Exact Visualization），它是某个区间内的全部数据生成的高分辨率图像。

在前端显示中，由于单个像素太小，尤其现在视网膜屏幕的流行，导致肉眼已经无法辨识单个像素。所以在显示散点图时，大多可视化系统将数据点用逻辑像素来表示，每个逻辑像素由若干个物理像素构成。例如，实际显示中使用 2×2 个物理像素作为一个数据点，则每个逻辑像素就对应于 2×2 个物理像素。假设前端显示硬件的物理分辨率为 $M \times N$，生成精确图像时，可视化系统将图像划分为 $m \times n$ 个格子，每个格子即为逻辑像素，代表显示硬件中的 $\frac{M}{m} \times \frac{N}{n}$ 个物理像素，为简单起见，此处用 1 和 0 分别代表该格子包含或者不包含数据。由于该图像的分辨率与终端显示图像中数据点的分辨率相同，所以在本文中称之为**精确图像**。

如图 4-1 所示，黑色代表在该格子内至少有一条数据，否则该格子内没有任何数据。假设某连续型属性为时间类型，其数据所覆盖的时间范围为 1/1/2010 —12/31/2018。Marviq 首先将其按照月份划分为若干个固定的区间，在每个区间内，将其包含的全部数据绘制生成对应的可视化图像（散点图），例如图 4-1(a) 为从 5/1/2010 — 5/31/2010 范围内的全部数据的散点图，即 2010 年 5 月的精确图像。

MVS 中使用三元组来存储这个结构，例如 < 5, 480, 956 >代表由第 5 个区间的数据生成的精确图像中，像素点 $x = 480$，$y = 956$ 处有数据，绘制图像时应该被绘制为一个数据点。显然，精确图像的大小取决于其分辨率和图像中数据点的数量，分辨率越高、数据点数量越多，则存储图像的三元组就越多，占用空间就越大。除了这种存储数据点坐标的方式之外，还可以将其存储为位图格式，在位图格式中，图像大小仅取决于其分辨率。

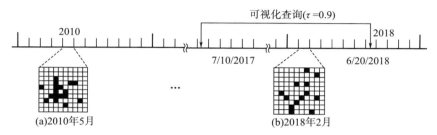

图 4-1　精确图像

精确图像本质上是可视化图像中包含数据点的集合，所以可以对精确图像定义像集合一样的操作，例如交集和并集，其计算规则与集合的交集和并集的计算规则一致（见图 3-4）。

4.1.2　使用 EV 重写 SQL

如图 4-2 所示，根据查询条件中的查询区间的起始点和终止点，可以将查询分为两类：

1）Q_1，**完整覆盖**若干区间。

2）Q_2，**完整覆盖**若干区间且**部分覆盖**一个或者两个区间（头部和尾部）。

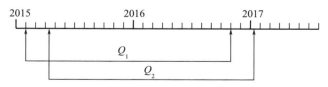

图 4-2　查询和其覆盖的区间

第一类查询的起始点和终止点与已划分区间的边界重合，即完整地覆盖了若干个区间，例如图 4-2 中的 Q_1，其起始点和终止点分别为 2/1/2015 和 10/31/2016，它完整地覆盖了 21 个完整的区间（Completely

Covered Interval），所以这 21 个区间的精确图像（EV）的并集就是 Q_1 的最终图像，且该图像与原始图像的近似度为 100%。所以，对于此类查询，可以通过计算其覆盖的区间的精确图像的并集来直接获得结果，而无须向原始数据表发送 SQL 查询。第二类查询的起始点和终止点至少有一个不能和已划分区间的边界重合，其起始点和终止点所在的区间并不能完全被覆盖。图 4.3 中显示了广义的第二类查询，假设查询区间为 C，覆盖了 I_1 至 I_m 共 m 个完整的区间，I_l 和 I_r 为查询在起始点和终止点所在的不完全覆盖的区间（Partially Covered Intervals）。可以得到：$\gamma_1 = C \bigcap I_l$，$\gamma_2 = C \bigcap I_r$，$\theta = I_l \bigcup I_1 \bigcup ... \bigcup I_m \bigcup I_r$，其中 θ 为能够覆盖查询区间的最小的数据区间的集合。

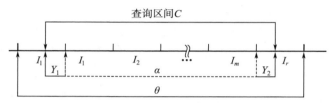

图 4-3　包含非完整区间的查询

这种情况下，Marviq 也可以通过精确图像来高效地生成一个近似图像。例如，使用 $V_\alpha = \bigcup_{k=1}^{m} EV_{I_k}$ 来作为近似图像返回给用户。此时，需要知道这个近似图像与原始图像的近似度是多少，能不能符合用户对可视化图像的近似度要求 τ，即 $\mathcal{J}(V(Q), V_\alpha) \geq \tau$。如下公式给出了该近似图像的近似度下限。

定理 4-1

$$\mathcal{J}(V(Q), V_\alpha) \geq \frac{|V_\alpha|}{|V_\theta|} \tag{4-1}$$

证明

因为 $EV_{\gamma_1} \subseteq EV_{I_l}$ 且 $EV_{\gamma_2} \subseteq EV_{I_r}$，

则有 $EV_{\gamma_1} \bigcup EV_{r_2} \subseteq EV_{I_l} \bigcup EV_{I_r}$，$V_\alpha \bigcup EV_{\gamma_1} \bigcup EV_{\gamma_2} \subseteq V_\alpha \bigcup EV_{I_l} \bigcup EV_{I_r}$

则可得

$$\mathcal{J}(V(Q),V_\alpha)=\frac{\left|V_\alpha\bigcap V(Q)\right|}{\left|V_\alpha\bigcup V(Q)\right|}$$

$$=\frac{\left|V_\alpha\right|}{\left|V_\alpha\bigcup EV_{\gamma_1}\bigcup EV_{\gamma_2}\right|}$$

$$\geqslant\frac{\left|V_\alpha\right|}{\left|V_\alpha\bigcup EV_{I_l}\bigcup EV_{I_r}\right|}$$

$$=\frac{\left|V_\alpha\right|}{\left|V_\theta\right|}$$

当 V_α 满足近似度阈值 τ 的时候，可以直接将该结果作为近似图像返回，否则需要发送查询获取 γ_1 和 γ_2 的数据，然后将数据与 V_α 合并，生成最终的图像返回。查询可以被重写为如下 SQL：

```
SELECT Id, Point
FROM Table
WHERE Date IN γ₁
OR Date IN γ₂;
```

其算法如算法 1 所示。

例如，考虑图 4-1 中的查询，假设用户对可视化图像的近似度要求为 $\tau=0.9$，其查询区间为 [7/10/2017, 6/20/2018]，完整地覆盖了 2017 年 8 月至 2018 年 5 月的 10 个月（区间）。左边 γ_1 = [7/10/2017, 7/31/2017]，右边 γ_2 = [6/1/2018, 6/20/2018]。Marviq 首先计算完整覆盖的 10 个月的区间所对应的精确图像（EV）的并集的近似度，如果这个近似度不低于 0.9，则直接返回；否则，需要从原始数据表中获取两边部分覆盖的区间的数据，然后与前面计算的图像合并生成最终图像。

在上述算法中，有两点需要注意：

第一，在获取 γ_1 和 γ_2 数据的时候，算法中采用了一个最简单的策略，即将两侧部分覆盖区间的数据全部取出。实际中也可以采取其他多种策略，例如，先只获取 γ_1 中的数据，然后计算是否符合近似度要求，如果不符合，再获取 γ_2 的数据；或者先取 γ_2 的数据，以此类推。

第二，在不等式（4-1）中，右边的分母 V_θ 也是近似图像的一个下限，即真实查询区间的超集。但是 V_θ 并不适合作为近似图像返回，主要原因有两方面：一是 V_θ 包含伪数据点（False positive data point），这在大多数情况下不是用户所想要的；二是当 V_θ 无法满足近似度阈值的时候，Marviq 无法将 γ_1 和 γ_2 的数据点排除来提高可视化图像的近似度。综上所述，在 Marviq 模型中，使用真实查询区间子集的方式来生成近似可视化图像，在这个例子中即为 V_α。

算法 1：使用 MVS 重写查询

Input: A visualization request $U(Q,\tau)$, where Q has a range condition C on numeric attribute $\mathcal{A}$

Output: An approximate visualization with a quality at least τ

1　Let $I_1, ..., I_m$ be the MVS intervals completely covered by C;

2　$V_\alpha = EV_{I_1} \bigcup \cdots \bigcup EV_{I_m}$;

3　Let I_l and I_r be the left and right intervals overlapping with C partially (if any);

4　if $\dfrac{|V_\alpha|}{\left|V_\alpha \bigcup EV_{I_l} \bigcup EV_{I_r}\right|} \geqslant \tau$ then

5　　$\mid$　return V_α ;

6　else

7　　$\mid$　Retrieve data in residual intervals γ_1 and γ_2;

8　　$\mid$　Use the retrieved data to compute a visualizati V;

9　　$\mid$　return $V_\alpha \bigcup V$;

10　end

4.2　MVS⁺：增加低分辨率图像

精确图像实际上是对原始数据集的一种聚合操作，通过这种聚合操作使得需要从数据库中获取的数据量大大减少，从而可以大幅提高查询的响应速度。但是，精确图像的一个非常重要的缺点是占用空间较大。为提高响应速度，在对整个数据区间进行划分时，必须将区间设定得足够小，以便能够让查询首尾的两个 γ_1 和 γ_2 区间足够小，使之在合理的时间内完成响应。但是，区间变小意味着精确图像的增多，即占用空间增多。与此相反，如果扩大区间的大小来减少精确图像的数量，例如按照一年为一个区间，那么在这种情况下查询首尾的 γ_1 和 γ_2 区间会相应地变大，导致很难在短时间内从原始数据表中获取 γ_1 和 γ_2 数据。与此同时，由于数据集在数据值域上分布不均衡，所以很难在存储空间和区间大小之间找到一个平衡点。

基于以上考虑，本书提出一种改进 MVS 的方法，称为 MVS⁺。在 MVS⁺ 中引入了低分辨率图像（LV，Low-resolution Visualization）来解决这个问题，与精确图像相对应，本书称这种低分辨率图像为精简图像。本节首先给出精简图像的概况，然后分析如何精简生成近似图像并对其近似度进行估计。最后，提出一种算法，能够在 MVS⁺ 中使用精确图像和精简图像相结合的方式对查询进行重写并计算其近似度。同样的，本节仍旧使用散点图作为例子进行说明，在后续的章节中扩展到其他的图像类型。

4.2.1　精简图像

MVS⁺ 的主要思想如下：首先将查询属性的值域划分为两种不同粒度的区间，将其分别称为父区间（Parent intervals）和子区间（Child intervals），其中父区间是由若干子区间构成的。在预处理中，Marviq 为父子区间分别建立图像：1）为每个父区间生成并存储精确图像；2）在每个子区间中，生成从父区间开始到该子区间（包含该子区间）的精确图像，然后存储由该精确图像压缩生成的低分辨率的图像，即精简图像。

　　假设精确图像的分辨率为 $m \times n$，精简图像的分辨率为 $x \times y$（分辨率可以自由调整），每个精简图像的格子中（**逻辑像素**）保存了精确图像中对应的 $m/x \times n/y$ 个格子中值为 1 的像素的数量。

　　图 4-4 显示了精简图像及其生成过程。首先将整个值域划分为较大的父区间，然后再将每个父区间划分为较小的**子区间**。如图 4-4(a) 中所示，整个值域被按照"年"划分为了三个父区间，然后每个分区内又按照"月"划分成了 12 个子区间。Marviq 为每个父区间生成并保存一个精确图像，如图中的 EV_{2015}, EV_{2016} 和 EV_{2017}，对每个子区间，Marviq 仅保存其**精简图像**。

　　如图 4-4 所示，假设精确图像分辨率为 10×10，精简图像分辨率为 2×2，则每个精简图像的格子中保留精确图像中 5×5 个像素中值为 1 的像素的数量。图 4-4(b) 中，a 和 d 为分区的起始点和终止点，b 和 c 分别为第三个子区间的起始点和终止点。Marviq 首先计算区间 ac 的精确图像 EV_{ac}，然后将该精确图像生成对应的精简图像。同样的，计算区间 bc 的精确图像 EV_{bc}，然后生成精简图像。这两个精简图像分别称为该子区间的 BLV 和 ALV，其中 A 和 B 分别代表"Before"和"After"。即每个子区间保存两个精简图像，分别由父区间起始点起始到该子区间和由该子区间起始到父区间终止点结束的精确图像计算得来。例如 EV_{ac} 的左上角的 5×5 个像素中，有 4 个为 1，则该子区间的 LV 中第一个值为 4，类似的第二个值为 7。由于精简图像的分辨率要低很多，所以能够大大节省存储空间。此处，使用 $BEV_{3/2015}$[①] 和 $BLV_{3/2015}$ 分别表示从 2015 年 1 月 1 日开始到 2015 年 3 月 31 日的范围内所有记录所对应的精确图像和精简图像。同样地，$AEV_{3/2015}$ 和 $ALV_{3/2015}$ 分别表示从 2015 年 3 月 1 日起始到 2015 年 12 月 31 日的范围内所有记录所对应的精确图像和精简图像。

———————————

① 当脚标中不包括日期仅包括月份时，表示整个月份。

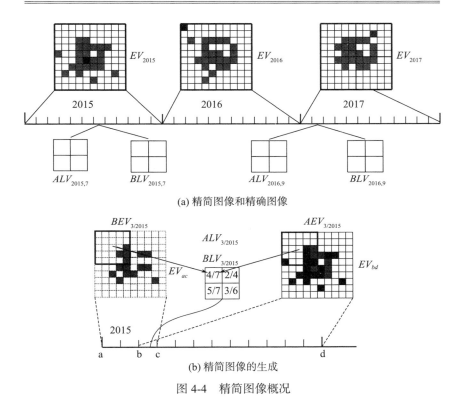

(a) 精简图像和精确图像

(b) 精简图像的生成

图 4-4　精简图像概况

4.2.2　利用精简图像计算图像的近似度

　　根据以上分析，精确图像保存了其所代表的区间内数据的精确的分布情况，精简图像仅保存了数据的部分分布情况，Marviq 可以通过结合两种图像的方式来计算任意查询所能生成图像的近似度的下限。首先，从一个简单的例子开始，假设查询区间的起始点和某个父区间的起始点重合，终止点和某个子区间的终止点重合。如图 4-5 所示，查询区间为 [1/1/2013, 10/31/2017]，则 α 所代表的区间为该查询所完全覆盖的父区间的范围，即 $EV_\alpha = EV_{2013} \cup ... \cup EV_{2016}$，同样的 $EV_\theta = EV_{2013} \cup ... \cup EV_{2017}$ 表示能够完整覆盖该查询的最小的父区间对应的精确图像。

　　与精确图像类似，此时也可以利用不等式（4-1）来计算 EV_α 与 EV_θ 的近似度，但是这种计算方式中悲观地将 2017 年所有的数据都隐含地包含进了查询的区间，所以计算得出的近似度与真实的近似度的差距较大。由于有精简图像的存在，Marviq 可以用其来计算得到一个与真实近似度更为接近的值。利用 Jaccard 函数计算 EV_α 和 $V(Q)$ 的近似度公式为

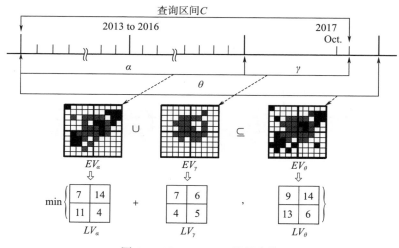

图 4-5　$|EV_{[2013,10/2017]}|$ 的最大值

$$\mathcal{J}(V(Q), EV_\alpha) = \frac{|EV_\alpha|}{|EV_\alpha \bigcup BEV_{10/2017}|} \tag{4-2}$$

　　由于 Marviq 并没有存储 $BEV_{10/2017}$，所以，在计算该公式的时候，需要将所有的子区间对应的 EV 转换为 LV。对于 EV_α，可以使用 LV_α 来表示其对应的精简图像。对 LV 中的每个格子 c_i，在分母中，其最大值出现在当 EV_α 和 $BEV_{10/2017}$ 所对应的像素中值为 1 的那些像素没有任何交集的时候，所以上述公式中分母的值应当不大于如下值

$$\sum_{i=1}^{4}(LV_\alpha(c_i) + BLV_{10/2017}(c_i))$$

　　需要注意的是，查询区间 C 中包含的值为 1 的像素数量应该小于

$|EV_\theta|$。假设 $\theta = [2013, 2017]$ 并且 $\gamma = [1/2017, 10/2017]$，则 $LV_\gamma = BLV_{10/2017}$。假设 LV 中共有 n 个格子，则有

$$\mathcal{J}(V(Q), EV_\alpha) \geqslant \frac{\sum_{i=1}^{n} LV_\alpha(c_i)}{\sum_{i=1}^{n} \min\{LV_\alpha(c_i) + LV_\gamma(c_i), LV_\theta(c_i)\}} \qquad (4\text{-}3)$$

其中，LV_γ 为 $BLV_{10/2017}$，为查询区间 C 的最后一个子区间对应的 LV。以上结果可以扩展到更一般的情况。

定理 4-2　对于查询区间为 C 的查询 Q 来说，如果 C 的起始点和父区间的起始点重合，并且终止点与某个子区间的终点重合，则不等式（4-3）成立。在这个不等式中，α 为 C 所包含的完整的父区间，θ 为能够完整包含 C 的最小的父区间集合，γ 为 C 和其最后一个父区间的重叠部分，n 为精简图像中格子的数量。

4.2.3　利用子区间提高近似图像相似度

本节重新考虑在有子区间存在的情况下，当 EV_α 即 $EV_{[2013,2016]}$ 不能满足用户对图像的近似度需求 τ 时的处理方式。

在没有精简图像的情况下，Marviq 需要通过查询原始数据表获取全部 γ 区间内的数据，然后生成图像并与 EV 合并以生成最终图像。但是有了精简图像，Marviq 可以通过只获取 γ 中部分数据的方式达到用户的近似度要求，并且由于减少了从原始数据表中获取数据的大小而进一步提高了查询的响应时间。为了计算出取多少子区间的数据可以达到近似度要求，Marviq 需要对包含子区间数据的图像的近似度进行估计。例如，在图 4-6 中，假设原始查询是 [1/2013, 10/2017]，要估计 [1/2013, 4/2017] 生成图像的近似度，有

$$EV_{\alpha \cup \beta} = EV_\alpha \bigcup BEV_{4/2017} = EV_\alpha \bigcup EV_\beta$$

且

$$EV_{\alpha \cup \gamma} = EV_\alpha \bigcup BEV_{10/2017} = EV_\alpha \bigcup EV_\gamma$$

同时有

$$\mathcal{J}(V(Q), EV_{\alpha\cup\beta}) = \frac{\left|EV_\alpha \bigcup BEV_{4/2017}\right|}{\left|EV_\alpha \bigcup BEV_{10/2017}\right|} = \frac{\left|EV_\alpha \bigcup EV_\beta\right|}{\left|EV_\alpha \bigcup EV_\gamma\right|}$$

则如下不等式给出了包含子区间的近似图像 $EV_{\alpha\cup\beta}$ 的近似度下限

$$\mathcal{J}(V(Q), EV_{\alpha\cup\beta}) \geqslant$$

$$\frac{\displaystyle\sum_{i=1}^{n} \max\{LV_\alpha(c_i), LV_\beta(c_i)\}}{\displaystyle\sum_{i=1}^{n} \min\{\max\{LV_\alpha(c_i), LV_\beta(c_i)\} + (LV_\gamma(c_i) - LV_\beta(c_i)), \ LV_\theta(c_i)\}} \quad (4\text{-}4)$$

证明如下。

证明

假设 $\triangle = \gamma - \beta$,

则有 $\left|EV_\triangle\right| = \displaystyle\sum_{i=1}^{n}(LV_\gamma(c_i) - LV_\beta(c_i))$.

$$\mathcal{J}(V(Q), EV_{\alpha\cup\beta}) = \frac{\left|EV_\alpha \bigcup EV_\beta\right|}{\left|EV_\alpha \bigcup EV_\gamma\right|} = \frac{\left|EV_\alpha \bigcup EV_\beta\right|}{\left|EV_\alpha \bigcup EV_\beta \bigcup EV_\triangle\right|}$$

$$\geqslant \frac{\left|EV_\alpha \bigcup EV_\beta\right|}{\min\left\{\left|EV_\alpha \bigcup EV_\beta\right| + \left|EV_\triangle\right|, \left|EV_\theta\right|\right\}}$$

$$\geqslant \frac{\max\left\{\left|EV\right|, \left|EV_\beta\right|\right\}}{\min\left\{\max\left\{\left|EV_\alpha\right|, \left|EV_\beta\right|\right\} + \left|EV_\triangle\right|, \left|EV_\beta\right|\right\}}$$

$$= \frac{\displaystyle\sum_{i=1}^{n} \max\left\{LV_\alpha(c_i), LV_\beta(c_i)\right\}}{\displaystyle\sum_{i=1}^{n} \min\left\{\max\left\{LV_\alpha(c_i), LV_\beta(c_i)\right\} + (LV_\gamma(c_i) - LV_\beta(c_i)), LV_\theta(c_i)\right\}}$$

与不等式（4-3）类似，LV_β 和 LV_γ 分别为 β 和 γ 的最后一个子区间的 BLV。上述结果可以扩展为如下定理：

定理 4-3 对于任意查询，不等式（4-4）成立。其中的符号与定理 4-2 含义相同，β 为需要查询原始数据表来获取数据的区间的长度。

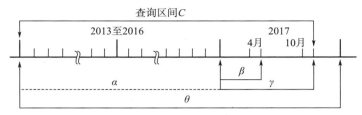

图 4-6　估计图像 $EV_{[1/2013,\,4/2017]}$ 的近似度

4.2.4　查询重写

根据以上分析，可以利用算法 2 来计算满足用户近似度需求 τ 的近似图像。它是算法 1 的扩展，通过使用精简图像来进一步提高近似图像近似度的最低值，并且通过获取部分子区间的数据提高查询的响应时间。

算法 2：使用 MVS⁺ 响应可视化查询请求

Input: A visualization request $U(Q, \tau)$ with a range condition C on the numerical attribute $\mathcal{A}$

Output: An approximate visualization with a quality at least τ

1　Let I_1, $\cdots$, I_m be the parent intervals completely covered by C;

2　$V_\alpha = EV_{I_1} \bigcup ... \bigcup EV_{I_m}$;

3　Use Lemma 4-2 to calculate a quality bound ℓ of EV_α ;

4　while $\ell < \tau$ do

5　　│　Increase the number of child intervals in β in the last parent interval partially overlapping with C;

6　　│　Calculate a quality bound ℓ of $EV_{\alpha \cup \beta}$;

7　end

8　Retrieve data in residual intervals β ;

9　Use the retrieved data to compute a visualization V;

10　return $EV_\alpha \bigcup V$;

需注意的是，在第 5 行中对 V_α 进行扩展以包含更多的子区间 β 来达到近似度需求 τ 的时候，有非常多的策略可以使用。例如，在发送查询之前就通过 LV 的信息对近似度进行估计。借鉴逐步更新技术（2.2.2

节）的思想，可以通过逐个增加子区间的方式扩展 β 然后使用公式 4-3 来计算 $EV_{\alpha \cup \beta}$ 的近似度下限 ℓ，直到能找到一个 β 能够满足 τ，然后再发送查询来从原始数据中获取 β 范围内的数据。另一种策略是增量地发送多个查询，每次查询只获取一个子区间的数据，然后根据返回的结果计算出近似图像的近似度，根据这个近似度是否满足 τ 来决定是否需要继续获取额外的子区间的数据。也就是说，Marviq 通过发送查询的方式来扩展 β 的大小，然后利用公式 4-4 来计算 $EV_{\alpha \cup \beta}$ 的近似度，重复这个过程直到获取到的 $EV_{\alpha \cup \beta}$ 能够达到近似度需求 τ。

4.2.5 　一般查询

　　目前为止，本章讨论的查询的起始和终止点都是和父区间或者子区间的起始或者终止点重合的，本节讨论更为一般的查询的情况。假设查询区间 C 起始于某个子区间的起点，而非父区间。在公式（4-2）和（4-3）中，除了考虑查询区间 C 的最后一个子区间外，同样需要考虑查询区间 C 的第一个子区间。对于最后一个子区间，需要的精简图像为该子区间的 BLV，而对于第一个子区间，需要的精简图像为该子区间的 ALV，即由起始点为该子区间（包含）、终止点为父区间的终止点所生成精简图像。进一步，考虑更为一般的情况，当查询区间 C 起始点和终止点都为子区间的中间，在上述的公式中，在估计图像 $|V(Q) \cap V_{\alpha}|$ 的近似度的时候，排除了第一个和最后一个被部分覆盖的子区间，当估计图像 $|V(Q) \cup V_{\alpha}|$ 的近似度的时候，包括了两个子区间。即通过缩小分子图像（近似图像）对应的数据区间，而扩大分母图像（原始图像）对应的数据区间的方式，计算近似图像的近似度估计。

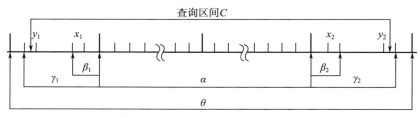

图 4-7　一般查询：起始点和终止点位于子区间内

图 4-7 显示了一个一般情况下的查询，其查询区间为 C，其中 C 的起始点位于子区间 y_1 内，终止点位于另一个子区间 y_2 内。假设 α 为 C 完全覆盖的父区间的集合。首先，Marviq 计算 EV_α 是否满足用户对可视化图像近似度的需求 τ。因为对部分覆盖的子区间 y_1 和 y_2 内部的数据可视化信息一无所知，所以在计算分子的近似图像时需排除这两段子区间的数据，而计算分母的可视化图像的时候需将其全部包含在内。设 θ 为包含查询区间 C 的最小父区间的集合。公式（4-2）可以被扩展为如下公式。

定理 4-4　对于图 4-7 中的查询 Q，有

$$\mathcal{J}(V(Q), EV_\alpha) \geqslant \frac{\sum_{i=1}^{n} \max\left\{LV_\alpha(c_i), LV_\beta(c_i)\right\}}{\sum_{i=1}^{n} \min\left\{LV_\alpha(c_i) + LV_{\gamma_1}(c_i) + LV_{\gamma_2}(c_i), LV_\theta(c_i)\right\}} \tag{4-5}$$

其中 $LV_{\gamma_1} = ALV_{y_1}$，$LV_{\gamma_2} = BLV_{y_2}$。

在上述定理中，精简图像 ALV_{y_1} 是由 AEV_{y_1} 生成的，而 AEV_{y_1} 是所有在 y_1 后面（After）的同一个父区间内的子区间生成的精确图像。如果估计出的 EV_α 的近似度不能够满足 τ，则需要从原始数据表中获取额外的数据，获取数据的区间为查询的首尾两个部分覆盖的区间内的子区间。假设上述区间为 β_1 和 β_2，则定理 4-3 可以被扩展为如下公式，该公式用于估计区间 $\beta_1 \cup \alpha \cup \beta_2$ 生成的图像的近似度。

定理 4-5　对于图 4-7 中的查询 Q，有

$$\mathcal{J}(V(Q), EV_{\beta_1 \cup \alpha \cup \beta_2}) \geqslant \frac{\sum_{i=1}^{n} \max\left\{LV_{\beta_1}(c_i), LV_{\beta_2}(c_i), LV_\alpha(c_i)\right\}}{\sum_{i=1}^{n} \min\left\{\max\left\{LV_{\beta_1}(c_i), LV_{\beta_2}(c_i), LV_\alpha(c_i)\right\} + LV_\Delta(c_i), LV_\theta(c_i)\right\}}$$

$$\tag{4-6}$$

其中　　$LV_\Delta(c_i) = (ALV_{y1}(c_i) - ALV_{x1}(c_i)) + (BLV_{y2}(c_i) - BLV_{x2}(c_i))$

4.2.6　MVS⁺ 的优势分析

由于在 MVS⁺ 中引入了精简图像 LV，使得系统一方面能够大大降低图像对存储空间的需求；另一方面，由于区间划分得更为精细，所以能够对近似图像的近似度有更为精确的估计。本节在假设 MVS 和 MVS⁺ 的存储空间大小相同的前提下，对 MVS⁺ 的优势进行了定量分析。

假设 I_E 和 I_L 分别为 MVS 和 MVS⁺ 的父区间，$|I_E|$ 和 $|I_L|$ 分别为两个父区间的长度，并且 $|I_L| = m \times |I_E|$。由于前提假设是 MVS 和 MVS⁺ 所占用的空间相同，所以在 MVS⁺ 中，需将其父区间的大小设置得更大，以减少 EV 的数量，用剩余的空间来存储 LV，所以有 $m > 1$。假设 $|Q|$ 为查询 Q 的查询区间的长度，且 $|Q| = n \times |I_E|$（$n \in R_+$），D 为当 EV 的并集无法提供满足近似度要求 τ 的时候需要从原始数据表中获取数据的区间，则对于 MVS，有 $|D_E| = |Q| - |I|$，对于 MVS⁺，有 $|D_L| \leqslant |Q| - |I|$，其中 $|I|$ 是查询 Q 所完整覆盖的父区间的长度。

首先，考虑最简单的一种情况，当 $|Q| < |I_E|$，即查询的长度小于 MVS 中一个父区间的长度。在这种情况下，在 MVS 中 Marviq 必须要获取到查询区间的所有数据，即 $|D_E| = |Q|$。但是，在 MVS⁺ 中，由于有 LV 的存在，通过前面给出的对近似度进行估计的公式和定理，Marviq 就有可能只获取查询区间的一部分数据，即 $|D_L| \leqslant |Q|$，此时 MVS⁺ 有 100% 的概率不比 MVS 差。类似的，如果 $|I_L| > |Q| > |I_E|$，意味着查询区间完整地覆盖了 MVS 中的一个父区间，但是还小于 MVS⁺ 中的一个父区间，那么此时 MVS⁺ 肯定比 MVS 差，因为 $|D_E| = |Q| - |I_E| < |D_L|$。

接下来，考虑 $|Q| > |I_L|$ 的情况。假设 $x = \left\lfloor \dfrac{|Q|}{|I_E|} \right\rfloor$，则在 MVS 中 Q 能够完整覆盖的父区间的数量要么为 x，要么为 $x-1$。Q 完整覆盖 x 个父区间的概率为

$$p(Q, x \times I_E) = \frac{|Q| - x \times |I_E|}{|I_E|} \tag{4-7}$$

则 Q 完整覆盖 $x\text{-}1$ 个父区间的概率为 $p(Q,(x-1)\times I_E)=1-p(Q,x\times I_E)$。

类似的，在 MVS^+ 中，假设 $y=\left\lfloor\dfrac{|Q|}{|I_L|}\right\rfloor$，则可以得到 $p(Q,y\times I_L)$。在这个等式中，可以看到对于同一个 Q 和同一个 x，这个概率值会随着区间大小的增大而减小。

根据以上分析，对于 MVS 和 MVS^+ 来说，ad-hoc 查询 Q 能够完整覆盖的父区间的数量有四种，其对应的概率如表 4-1 所示。

表 4-1　查询 Q 覆盖的区间数量及概率

区间数量	可能性	具有优势者
x 个 I_E 且 y 个 I_L	$p(Q,y\times I_L)$	MVS^+
x 个 I_E 且 $(y-1)$ 个 I_L	$p(Q,x\times I_E)$	MVS
$(x-1)$ 个 I_E 且 y 个 I_L	0	—
$(x-1)$ 个 I_E 且 $(y-1)$ 个 I_L	$1-p(Q,x\times I_E)$	$1<m<2$ 时：MVS^+ $m\geq 2$ 时：MVS

由于概率值为非负数，所以当 $1<m<2$ 时，MVS^+ 有优势的概率更大，为 $p(Q,y\times I_L)+1-p(Q,x\times I_E)$。则对于查询长度在区间 $[l,h]$ 的查询来说，MVS^+ 比 MVS 更有优势的平均概率为

$$P=\frac{1}{h-l}\int_l^h (p(Q,y\times I_L)+1-p(Q,x\times I_E))\,\mathrm{d}n$$

$$=\frac{1}{h-l}\int_l^h (\frac{n\times|I_E|-y\times m\times|I_E|}{m\times|I_E|}+1-\frac{n\times|I_E|-x\times|I_E|}{|I_E|})\,\mathrm{d}n$$

$$=\frac{1}{h-l}\int_l^h (n\times(\frac{1}{m}-1)+(x-y+1))\,\mathrm{d}n$$

可以看到，这个概率值是随着查询区间的长度变大而减小的，即 MVS^+ 在查询长度变大的时候优势会变小。但是，当查询长度足够长的时候，即查询覆盖的父区间的数量足够多的时候，这些父区间的精确图像生成的图像的近似度已经足够满足近似度需求 τ，即可以使 $|D|=0$。例如，当查询长度为 5 的时候，如果 $m=1.1$，则该查询至少包含 4 个 I_E

或者 3 个 I_L。此时，这些父区间的 EV 已经达到了非常高的近似度，例如 90%，所以不需要再去原始数据表中获取数据了。进一步，由于在 MVS^+ 中，父区间的数量更少，且 EV 的数量更少，所以在做并集操作的时候，MVS^+ 更加快速，所以当查询长度足够长的时候 MVS^+ 也是更有优势的。因此，仅需要考虑 x 值足够小的情况，例如 $x < 10$。而此时又有 $1 < m < 2$，所以有 $x = y$，那么上述概率值变为

$$P = \frac{1}{h-l} \int_l^h \left(n \times \left(\frac{1}{m} - 1 \right) + 1 \right) \mathrm{d}n$$

同时，可以看到，当 m 变大时，这个概率值会减小，这就意味着在 MVS^+ 中，父区间的大小应当尽量与 MVS 时接近。但是，由于系统的整体性能并不是随着这个概率值线性增长的，而且很难通过理论推导找出一个最优的 m 值，使得系统性能最高。所以在实验中，本书通过发送测试查询的方式，为不同的 m 值建立不同的 MVS^+ 并测量其性能，以此来确定 m 的大小。

4.3　图像建立、存储及维护

本节首先给出在不同已知信息下的图像的建立方式，然后阐述当数据发生变化时如何对图像进行及时的更新和维护。最后，介绍了如何将图像存储在数据库中以充分利用数据库的强大功能和既有优化技术。

4.3.1　图像建立

图像建立可以有多种方式，例如给定区间信息、工作负载等。根据不同的已知信息，可以有不同的建立图像的方式，最终目的都是在限定的存储空间范围内使得图像的效能最大，即最大限度提升系统的性能。

4.3.1.1　给定区间信息

首先从最简单情况开始，假设对于属性 A，用户给定了父区间和子区间的划分方式和范围，例如按年、月、周等，那么可以对这些给定的区间建立对应的精确图像和精简图像。

如算法 3 所示。首先，对每一个给定的父区间，发出查询获取其全部数据，为该父区间生成精确图像，然后针对该父区间的每一个子区间，利用已获取的数据中的对应部分，为其生成对应的精确图像，最后利用这些精确图像，进一步压缩生成精简图像 BLV 和 ALV。

4.3.1.2　给定工作负载

接下来考虑给定工作负载的情况下如何生成图像。假设给定工作负载 $Q = \{Q_1, ..., Q_n\}$，在没有任何存储空间限制的情况下，可以以工作负载中全部查询的起始点和终止点为切分点来划分整个属性区间，然后为每个区间生成对应的精确图像。这样，所有的查询都可以被精确图像应答，并且可以生成 100% 相似度的图像而无须发送任何查询到原始数据表获取数据。但是，当工作负载中查询的数量非常大的时候，划分的区间的数量可能非常多，会导致所需存储空间急剧增长。所以，需要在有限的存储空间限制之内，寻找最优的区间划分方案，使得系统效率最高。该问题的形式化定义如下：

算法 3：给定区间信息

Input: Parent intervals and child intervals;
Output: EV and LV for these intervals.
1　Visualization set $\mathcal{M} = \phi$;
2　for *each parent interval p* do
3　　　Retrieve the data $D(p)$ in p;
4　　　Compute $EV(p)$ and add it to $\mathcal{M}$;
5　　　for *each child interval c in p* do
6　　　　　Compute $EV(c)$ using data $D(p)$ in c;
7　　　end
8　　　for *each child interval c in p* do
9　　　　　Compute $BLV(c)$ using the union of the EV's before (including) c in p, and add it to $\mathcal{M}$;
10　　　　Compute $ALV(c)$ using the union of the EV's after (including) c in p, and add it to $\mathcal{M}$;
11　　end
12　end
13　return $\mathcal{M}$;

定义 4-1　给定工作负载 $Q = \{Q_1, \cdots, Q_n\}$，存储空间限制为 $\mathbb{B}$，找到一个最优的父子分区划分方案，使得在该分区方案下建立的 MVS^+ 能够使系统效率最高。

在本书中，使系统效率最高表示该分区方案能够最大程度减少对原始数据表的访问，可以使用分区方案对工作负载的贡献度进行表示。假设分区方案生成的父区间集合为 $M = \{M_1, \cdots, M_m\}$，则其对工作负载 Q 的贡献度为

$$\text{Contribution}(M, Q) = \sum_{i=0}^{n} \sum_{j=0}^{m} |m_j|, \forall m_j \subset Q_i \tag{4-8}$$

其中 $m_j \subset Q_i$ 表示该父区间被查询完全覆盖。

显然，这是一个 NPC 问题[①]，可以使用多种优化算法来寻找局部最优方案。本书以贪心算法为例，给出能够在给定存储空间条件下找到的一个局部最优的父子分区划分方案。为方便讨论，对算法做出如下限定和假设：

1）仅考虑父区间和精确图像。首先仅考虑如何划分父区间并生成对应的精确图像，划分好父区间之后再对父区间划分为子区间的方式与此类似。

2）图像以位图形式存储。精确图像的大小与其存储形式有关，根据前面的描述，既可以选择将精确图像存储为一个位图图像（Bitmap），也可以将其按照稀疏矩阵的存储方式，即只存储值为 1 的像素的坐标。由于存储成位图图像的形式可以保证每个父区间的精确图像大小是完全相同的，所以本节首先考虑存储方式为位图图像，然后扩展为存储坐标的方式。

3）存储空间限制用区间数量表示。为了简单且不失一般性，可以将存储空间大小限制 $\mathbb{B}$ 看作是区间的数量。这个问题就变为了寻找到一个父区间的集合 $\mathcal{M}$，使得 $|\mathcal{M}| \leqslant \mathbb{B}$。

根据以上假设，本节使用算法 4 来生成满足存储空间需求的分区划分方案。首先考虑工作负载 Q 中所有查询的起始点和终止点，按照其

[①]　等同于 Maximum Coverage 问题，证明略。

值的大小进行排序。对每一个点，计算其左右损失值，并将其和作为该点的 Loss 值。然后，选择 Loss 值最小的点，将其从点集合中删除。删除该点之后，更新集合中所有点的 Loss 值，然后重复以上过程直到剩余点的数量等于 $\mathbb{B}+1$。Marviq 使用剩余的点为分割点作为分区方案，然后划分父区间并生成精确图像。

算法 4：离线生成分区划分方案

Input: Query workload $\mathcal{Q}$ and storage budget $\mathbb{B}$;

Output: Dividing points of parent intervals.

1　$\chi=\{$start and end points of $q_i \in \mathcal{Q}\}$;

2　Sort points in χ;

3　for *point X_i in χ* do

4　　Calculate loss (X_i);

5　end

6　while $|\chi| > \mathbb{B}+1$ do

7　　Remove a point X_s with the minimum loss value;

8　　Update the loss values of the left and right adjacent points of X_s;

9　end

10　return χ as dividing points of parent intervals;

损失值定义。算法中，损失值的计算为核心。如图 4-8 所示，考虑点 X_i，其左右相邻的两个点分别为 X_{i-1} 和 X_{i+1}，则对 X_i 的损失值定义为

$$\text{Loss}(X_i) = |X_{i-1} - X_i| \times \text{COUNT}(q_i \supseteq X_{i-1}X_i \wedge q_i \not\supseteq X_iX_{i+1})$$
$$+ |X_iX_{i+1}| \times \text{COUNT}(q_i \supseteq X_iX_{i+1} \wedge q_i \not\supseteq X_{i-1}X_i)$$

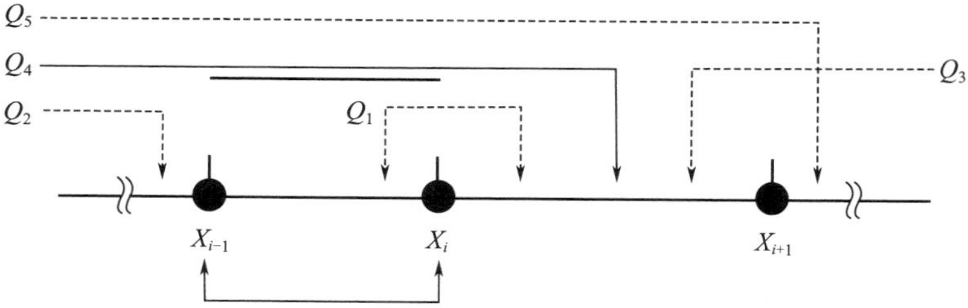

图 4-8　合并区间 $X_{i-1}X_i$ 和 X_iX_{i+1} 后的 Loss 值

损失值由左右两部分构成，首先考虑左损失值。如果要删除点 X_i，即合并分区 $X_{i-1}X_i$ 和 X_iX_{i+1}，则其左损失（Left loss）的含义如下：如果查询的终止点不在区间 $X_{i-1}X_{i+1}$ 内，如 Q_2 和 Q_5，那么删除该点对这样的查询没有影响。所以仅需要考虑查询的起始点或者终止点在区间 $X_{i-1}X_{i+1}$ 内的查询，如 Q_1，Q_3 和 Q_4。删除点 X_i 对查询 Q_1 和 Q_3 没有影响，因为区间 $X_{i-1}X_i$ 对两个查询没有贡献。在删除 X_i 前，区间 $X_{i-1}X_i$ 的 EV 可以对 Q_4 贡献（粗线部分），并且新的区间 $X_{i-1}X_{i+1}$ 与查询 Q_4 是部分重叠的，所以 Q_4 会受到此次区间合并的影响。一般情况下，左损失（Left loss）是查询起始点在 X_{i-1} 左侧并且终止点在 X_iX_{i+1} 右侧的查询与区间重合的长度总和。类似的，可以定义右损失（Right loss），即起始点在 $X_{i-1}X_i$ 内，终止点在 X_{i+1} 右侧的查询与区间重合的长度的总和。

示例。由于算法和损失值的定义较为抽象，下面用一个简单的例子对其详细说明。图 4-9 显示了一个包含 5 个查询的工作负载，Q = {Q_1, Q_2, Q_3, Q_4, Q_5}，假设存储空间的大小限制为 3 个 EV，即三个父区间，B= 3。如果没有存储空间限制，那么可以将属性区间划分为 5 个父区间，并为之生成 EV，这五个父区间是 5 个查询的 6 个起始 / 终止点构成的，即 A, B, ..., F，这些区间可以被用来响应工作负载中的 5 个查询中的任意一个。

如果给定的存储空间限制为 3，则需要找出两对相邻的父区间并将其合并，以此减少两个区间，满足存储空间的限制要求。换句话说，需要从分割点 B, C, D, 和 E 中找出两个点并删除来合并其相邻的两个父区间。以点 D 为例，如果将该点删除，并且将两个父区间 CD 和 DE 合并为一个区间 CE，则需要考虑这个合并对整个工作负载的利益的影响。考虑左边的父区间 CD，因为 CD 被两个查询 Q_2 和 Q_3 所覆盖，则父区间 CD 对这两个查询有贡献（Contribution），因为利用区间 CD 的精确图像，可以减少两个查询对原始数据表的访问区间。将两个区间合并之后，因为新的父区间 CE 与这两个查询都是部分覆盖的，所以 CE 无法对这两个查询有贡献，因为其精确图像不能用于生成查询的近似图像从而减少对原始数据表的查询。这种改变可以被看作是两个区间合并的损失（Loss）。可以看出，这两个查询的共性在于它们的查询区间的终止

点都是 D，此处，用左损失（left loss）来表示受到影响的查询的数量，在这个例子中，Left Loss=2。类似地，可以定义区间合并后在合并点上的右损失（right loss），此例中 Right Loss=1，对应的查询为 Q_4。那么左右损失的和可以定义为点被删除后的损失（loss），记为 loss(D)，此例中为 $2 + 1 = 3$。

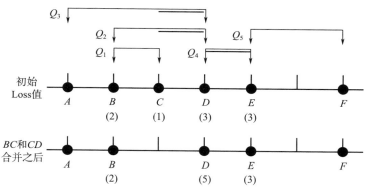

图 4-9　根据给定的工作负载合并区间

如图 4-9 所示，首先计算每一个点的 Loss，然后选择 Loss 最小的点，将其左右两个区间合并以减少 1 个（区间）存储空间。在图中的例子中，C 点的 Loss 最小，所以将其左右两个区间 BC 和 CD 合并。需要注意的是，将两个区间合并之后，某些分割点的 Loss 会发生变化。例如，D 点的 Loss 由 3 变为 5。所以每删除一个点之后，就需要更新相关点的 Loss，然后重复以上删除点的过程，合并相邻区间，直到达到存储限制的要求。在这个例子中，第二个删除的点为 B 点，然后合并 AB 和 BD 两个分区，这样就达到了存储空间的限制要求 3。

算法的时间和空间复杂度分析。假设工作负载 Q 中有 n 个查询，则最多共有 $2n$ 个分割点，将这些分割点的集合记为 χ，将其按照大小排序，算法中第 2 行所需时间为 $O(n\lg n)$。如果为 Q 中的每个查询建立一个区间，则每个点 X_i 的左损失的计算时间复杂度为 $O(\lg n)$，即通过查找覆盖区间 $X_{i-1}X_i$ 的查询的数量，同样的，右损失也需要 $O(\lg n)$。所以，第 3 行至第 5 行的时间复杂度为 $O(n\lg n)$。当删除某个点之后，仅需要更新其左右相邻的两个点的 Loss 值，其时间复杂度为 $O(\lg n)$，最坏情况下，需要删除 $O(n)$ 个点，所以第 6 行至第 9 行的复杂度同样为 $O(n\lg n)$。所以，算法 4 的时间复杂度为 $O(n\lg n)$。

将工作负载按照起始和终止点的大小存储为 B 树的空间复杂度为 $O(n)$，同时所有分割点的空间复杂度同样为 $O(n)$，所以，算法的空间复杂度为 $O(n)$。

EV 大小不一致时的处理。目前为止，仅考虑了将图像以位图方式存储，即图像大小完全一致的情况。当使用其他方式存储，例如，只存储值为 1 的像素的坐标时，不同的区间的图像大小是不一致的，这个时候可以将图像的大小作为衡量存储空间限制的条件。例如在图 4-8 中，如果删掉了点 X_i，则存储空间减小了 $\left|EV_{X_{i-1}X_i}\right| + \left|EV_{X_iX_{i+1}}\right| - \left|EV_{X_{i-1}X_{i+1}}\right|$。这个大小可以作为删除点 X_i 的代价，计算时将每个点的这个代价作为是否删掉该点的依据，算法的其余部分与上述算法一致。

4.3.1.3　动态建立

当工作负载没有给定的时候，需要一个能够根据实时查询来对 MVS⁺ 中的精确图像和精简图像进行动态更新的策略来及时调整图像的内容，以便适应工作负载对 MVS⁺ 的需要，使系统性能保持最优。本节给出了一个能够动态调整精确图像和精简图像的策略来达到这个目的。该策略中，属性区间被初始化为等长的若干父子区间，然后生成对应的精确图像和精简图像。当查询不断到来时，Marviq 维护一个固定长度的窗口来记录历史查询，记为 Q，这个历史记录窗口记录了最近的 $|Q|$ 个查询，并以此预测未来可能的查询与这 $|Q|$ 个查询的起始和终止点的分布类似。基于这些历史记录中的查询，可以根据其起始和终止点信息来确定区间划分点。然后定期地合并区间来减少存储空间（通过删除点）或者分裂区间来占用更大存储空间。

区间分裂。由于工作负载信息缺失，只能根据数据区间大小和存储空间的限制，对数据区间按照固定大小进行初始化。如图 4-10 上半部分所示，整个数据区间被均匀地划分成了 $A \sim F$ 共 6 个父区间，并且每个父区间被均匀地划分成了 5 个子区间；每个父区间存储对应的 EV，每个子区间存储对应的 LV。

通过 EV 和 LV 计算无法得到满足可视化需求的近似度的近似图像原因是在建立 MVS$^+$ 的过程中丢失了部分数据的精确分布的信息，所以当检测到有无法满足的查询请求的时候，可以选择对查询覆盖的首尾两个区间进行分裂操作，减小父子区间的大小来进一步获得更多数据的精确分布的信息，提高近似查询的近似度下限。

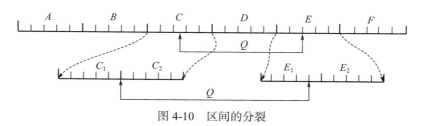

图 4-10　区间的分裂

图 4-10 中查询 Q 的起始点为父区间 C 的中间，终止点为父区间 E 的第二个子区间，假设通过对图像的计算，无法满足可视化查询的近似度要求，则需要对现有分区进行分裂操作。在这里例子中，需要对 Q 覆盖的首尾区间 C 和 E 进行分裂操作。如图 4-10 的下半部分所示，父区间 C 分裂成为 C_1 和 C_2 两个新的父区间，E 分裂成为 E_1 和 E_2 两个新的父区间，并且其子区间也相应地进行分裂。在分裂完父子区间之后，相应的 EV 和 LV 被生成并替代原有的图像。如果分裂之后仍然无法满足近似度需求，则需要重复上述分裂过程。

随着新的查询的到来，不断的区间的分裂操作会导致区间的大小不一致。如果某个查询所覆盖的分区大小不同，则在分裂的时候可以对不同的区间分别进行操作。在上面的例子中，分裂操作是将原分区分裂为两个同等大小的分区，在实际过程中分裂的新的区间的数量可以根据存储空间限制和区间的密度进行动态调整。

由于分裂操作代价较大，所以并不能在对查询响应的时候进行在线操作，所以对于这些查询 Marviq 必须发送包含原始查询中首尾的 γ_1 和 γ_2 的查询区间到数据库中，然后对离线的区间进行分裂操作。根据程序访问的局部性原理，这些离线操作得到的新的图像在随后的查询中有很大概率能够被使用。

同时，为了减少对区间的操作，可以为每个分区保存一些额外的参数，例如当不能响应的查询请求达到一定阈值的时候才进行分裂操作，而不是一旦检测到有一个不能响应的查询请求就马上对区间进行分裂。

区间合并。由于存储空间的限制，系统不能对区间进行无限制的分裂操作，同时需要对一些区间进行合并操作来减少对空间的占用。本书采用记录访问日志的方式对每个父区间的访问情况进行记录，在必要的时候根据访问日志对符合要求的区间进行合并。图 4-11 显示了根据父区间的访问热度来合并分区的过程。

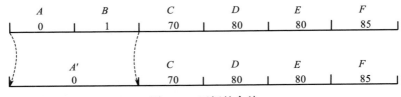

图 4-11　区间的合并

$A \sim F$ 为 6 个父区间，每个父区间内的数字为该父区间被访问的次数。可以看到，区间 A 和 B 被访问次数非常少，所以当存储空间有限的时候，可以对这两个父区间进行合并操作，使之合并成为一个新的父区间 A'，删除不必要的图像来释放空间。

同样的，不同的应用场景可以有不同的区间合并策略，例如，可以在访问日志中记录每个区间最近被访问的时间，然后用类似于 FIFO 的策略来合并最长时间未被访问的分区而不是最少被访问的分区。

4.3.2　图像存储

在响应可视化查询请求时，图像会被频繁读取和计算，则图像的存储方式和位置对响应速度至关重要。在大多数情况下，精确图像和精简图像都是非常稀疏的，例如在 Twitter 数据集中，仅有约 10% 的格子（逻辑像素）是有数据的，所以在本书的所有实验中，采用稀疏矩阵的存储方式来存储这些图像，即仅存储包含数据的点的坐标。

　　将图像存储在内存可以大幅提高存取速度，但是会占用大量内存空间，使得方法对数据规模有限制要求。同时，如果使用文件进行存储，则在管理和操作大量的数据时非常困难，所以本书选择将这些图像存储在数据库中。利用数据库存储和操作图像至少具有以下两个优点。

　　一是可以减少中间件的存储空间以及复杂度。当数据集非常大或者图像数量很大的时候，很难将其完全载入内存中，所以为了提高计算速度必须要增加一系列的文件和缓存的操作，此外还有非常多的计算操作，如图像合并等。这些都会增加中间件的复杂度。

　　二是可以利用数据库的索引和内置函数来提高响应速度。数据库中内置了各种索引，通过对图像建立索引，可以快速地读取图像内容；同时数据库还提供了各类函数和聚合操作，如 UNION，MAX，MIN 和 SUM 等。通过利用这些现有的函数可以快速提高响应速度，使近似图像的生成和近似度计算工作更加简单。例如，通过使用这些索引和内置函数，可以使近似图像的生成过程和近似度计算的代码降低到 10 行以内，并且整体时间控制在几十毫秒以内。

　　数据库中存储图像的表结构如图 4-12 所示，图中阴影表示主键，箭头表示外键。其中表 Parent_Interval 存储了父区间的信息，包括区间 ID，起始点和终止点。表格 Parent_Pixel 存储了每个精确图像中值为 1 的像素的坐标信息。表 Child_Interval 存储了子区间的 ID，起始点和终止点，以及对应的父区间的 ID。表 Child_Count 存储了每个精简图像中所有的格子的 ALV 和 BLV 的值。这样，通过对这些表建立索引，可以快速高效地对图像进行查询；同时，更新图像也会非常高效。需要注意的是，如果没有精简图像，则可以仅使用表 Parent_Pixel 和 Parent_Interval 存储精确图像的信息。

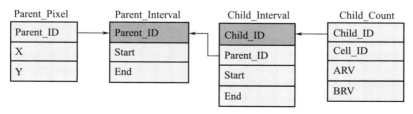

图 4-12　数据库中存储 EV 和 LV 的数据表

4.3.3 图像维护

当数据有更新时（包括插入和删除），图像同样需要进行更新，本节给出一个高效的算法，可以以非常小的代价对图像进行维护。算法 5 中以插入操作为例进行说明，删除和更新操作可以进行类似处理。

算法 5：插入新数据时的图像维护

Input: A new record t.

1 Let $p(t)$ be its parent interval, $c(t)$ be its child interval, and $e(t)$ be the pixel of t;

2 Access the raw table to get the pixel $e(t)$ value for each child interval in $p(t)$;

3 if *pixel $e(t)$ value in interval $c(t)$ was* 1 then

4   return;

5 end

6 Set the pixel $e(t)$ in the *EV* of $p(t)$ to 1;

    // Modify BLV values

7 if *all child intervals in $p(t)$ before $c(t)$ has a pixel $e(t)$ value* 0 then

8   Let I_1 be the last child interval in the left-to-right string of intervals with pixel $e(t)$ value 0;

9   for *each child interval c in $c(t)$, ..., I_1* do

10   Increment the *BLV* value of the cell of t for c by 1;

11   end

12 end

    // Modify ALV values

13 if *all child intervals in $p(t)$ after $c1$to has a pixel $e(t)$ value* 0 then

14   Let I_2 be the last child interval in the continuous right-to-left sequence of intervals with pixel $e(t)$ value 0;

15   for *each child interval c in I_2; ... ; $c(t)$* do

16   Increment the *ALV* value of the cell of t for c by 1;

17   end

18 end

假设 t 为要插入的记录，$p(t)$ 和 $c(t)$ 分别为该记录对应的父区间和子区间，$e(t)$ 为该记录对应的空间的位置。算法首先查询原始数据表，获取每个父区间 $p(t)$ 内的所有子区间在 $e(t)$ 上的数据的数量。如果子区间 $c(t)$ 在空间位置 $e(t)$ 上有数据记录，则新插入的记录对该子区间在该位置上的值没有影响，所有图像均不需要更新。否则，EV 在 $e(t)$ 位置的值更改为 1。下面考虑如何更新 $c(t)$ 右边的所有子区间的 BLV 的值，如图 4-13 所示，如果 $c(t)$ 前面有某个子区间 c_1 在位置 $e(t)$ 已经有数据，则新插入的记录不会影响 BLV 的值，因为所有 c_1 右边的子区间的值已经包含了自 c_1 开始到其结束的区间内的值为 1 的像素的数量。反之，如果不存在这样的 c_1，那么所有 $c(t)$ 之前（包括）的子区间在 $e(t)$ 处的像素的值为 0（第 7 行）。算法需要找到这样的在 $e(t)$ 位置为 0 的一串连续的子区间（第 8 行），然后将其 BLV 在包含该 $e(t)$ 的格子的值增加 1（第 10 行）。类似的，ALV 的值可以用同样的方法处理（第 13 至 16 行）。

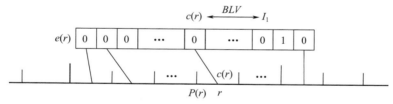

图 4-13　有新数据 t 插入时对 BLV 的修改过程

4.4　扩展

目前为止，本章的讨论和结果都是以散点图和 Jaccard 函数为例进行的，并且假设查询条件中仅包含单个连续属性。本节将扩展到其他更一般的情况。

4.4.1　多维属性

首先，考虑查询条件中所查询的数值属性为多个的情况。此时 Marviq 要对多维属性建立对应的精确图像和精简图像，并使用这些图像来响应查询。本节先介绍了如何对多维属性建立图像，然后将一维属性下的图像近似度计算公式扩展为多维。

4.4.1.1 图像建立

图 4-14 显示了查询条件中包含两个数值属性情况下的 EV 和 LV 的生成过程。图中 X 和 Y 为两个数值型属性，首先，将 X 和 Y 的整个取值范围分别划分为对应的区间 P_{x1}, P_{x2}, ..., P_{xm} 和 P_{y1}, P_{y2}, ..., P_{yn}，图中 x 轴为属性 X 划分的分区，y 轴为属性 Y 划分的分区。然后，可以对属性 X 和 Y 的每一个分区建立 EV。例如，$EV_{\{5,5\}}$ 为区间 $X \in [4, 5)$ 且 $Y \in [4, 5)$ 的所有记录生成的 EV。如果单独观察属性 X，则其每个分区 P_{xi} 对应的 EV 在二维情况下被分割成了一系列更加细粒度的 EV，例如 $EV_{x5} = EV_{\{x5,y1\}} \bigcup EV_{\{x5,y2\}} \bigcup ... \bigcup EV_{\{x5,yn\}}$。

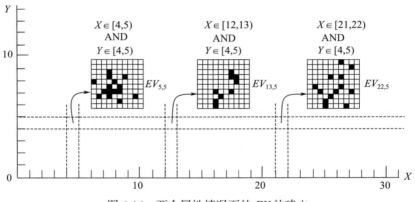

图 4-14 两个属性情况下的 EV 的建立

精简图像可以用同样的方式建立，与一维情况下每个精简图像中每个格子保存 ALV 和 BLV 两个数值不同，在二维情况下需要为每个精确图像格子生成四个数值，分别是属性 X 和 Y 在不同方向的组合所生成的精确图像中像素点的值为 1 的像素的数量。例如，在图 4-14 中，如果每 5 个刻度生成一个 LV，每 10 个刻度生成一个 EV，那么 $LV_{\{4,4\}}$ 中的四个值所对应的 LV 分别为 $EV_{x \in [0,5) \& y \in [0,5)}$，$EV_{x \in [0,5) \& y \in [4,10)}$，$EV_{x \in [4,10) \& y \in [0,5)}$

和 $EV_{x\in[4,10)\&y\in[4,10)}$ 中绘制的点的数量，与一维情况类似，本文用 *AALV*，*ABLV*，*BALV* 和 *BBLV* 来分别记录这四个值。

4.4.1.2　多维属性的近似度计算

建立起了多维属性的精确图像和精简图像，对于任意给定的包含多维属性的查询，Marviq 就可以按照与一维属性情况下的相同思路对其能够生成的可视化图像近似度的下限进行计算。例如，上节中的例子，如果查询条件中包含属性 *X* 和 *Y*，并且已经生成了对应的 *EV* 和 *LV*，假设有一个可视化查询请求对应如下 SQL 查询：

```
SELECT Point
FROM T
WHERE X BETWEEN 4.5 AND 61.5 AND Y BETWEEN 3.5
AND 42.5;
```

图 4-15 显示了利用二维 *EV* 和 *LV* 对该查询生成对应近似查询及计算其对应可视化图像近似度下限的计算过程。图中每个刻度为一个间隔，每 10 个刻度为一个分区，且已经生成了与其对应的 *LV* 和 *EV*。

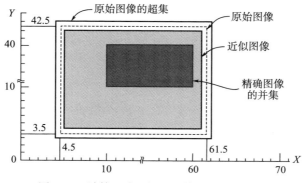

图 4-15　计算二维属性下图像的近似度下限

原始查询请求所对应的实际可视化图像是由虚线边框的矩形区域内对应的全部记录生成，但是，由于 Marviq 并没有记录位于虚线矩形和浅灰色矩形之间区域内的记录对应的可视化图像的情况，所以需要扩大记录的范围来获取原始图像，即将原始查询扩展至最外层矩形区域（即原始查询区间的超集）。区域 $X \in [10, 60]$ 且 $Y \in [10, 40]$ 内的记录可以利用其中包含的精确图像取并集得到，所以首先可以通过对精确图像合并来计算该区域的近似度，如果未达到查询请求的近似度要求 τ，则需要在浅灰色区域内寻找能够满足近似度要求的近似查询。与一维属性情况类似，可以得到二维属性下的近似度计算公式

$$\frac{\sum_{i=1}^{n} \max \left\{ LV_{\text{coners}}^{a}, LV_{\text{d}}^{a}, \left| EV_{U_i} \right| \right\}}{\sum_{i=1}^{n} \min \left\{ LV_{\text{coners}}^{e} + LV_{\text{d}}^{e}, \left| EV_{UE_i} \right| \right\}}$$

公式中 LV_{coners}^{a} 和 LV_{d}^{a} 为近似查询对应的矩形的四个角和四条边的 LV，LV_{coners}^{e} 和 LV_{d}^{e} 为扩展后的原始图像对应的矩形区域的四个角和四条边的 LV。需要注意的是位于边上的 LV，此处仅需要每个分区的第一个或者最后一个区间的 LV，因为对于每一个区间中的 LV 来说，第一个或者最后一个 LV 存储对应的极值。对不同位置的 LV，取其不同的值（$AALV$，$ABLV$，$BALV$ 或者 $BBLV$ 中的某一个）。例如，位于左下角的 LV，可以使用 $BALV$ 或者 $BBLV$（当 Y 固定时，每个分区内第一个和最后一个子区间的 $BALV$ 和 $BBLV$ 相同；反之当 X 固定时，$AALV$ 和 $ABLV$ 相同）。EV_U 为深灰色矩形区域内全部 EV 的并集，EV_{UE} 为能够覆盖原始查询的最小的区间对应的矩形区域内的全部 EV 的并集。对前述例子中的查询

$$LV_{\text{coners}}^{e} = \sum \left\{ BBLV_{5,4}, ABLV_{62,4}, AALV_{62,43}, BALV_{5,43} \right\}$$

$$LV_{\text{edges}}^{e} = \sum LV_{\text{bottom}}^{e} + \sum LV_{\text{right}}^{e} + \sum LV_{\text{top}}^{e} + \sum LV_{\text{left}}^{e}$$

$$LV_{\text{bottom}}^{e} = \sum \left\{ BALV_{11,4}, BALV_{21,4}, BALV_{31,4}, BALV_{41,4}, BALV_{51,4} \right\}$$

对于更高维度的查询，也可使用同样的方式进行扩展。根据对大量数据集和一些 Benchmark 中查询的调查统计，二维属性已经可以满足绝大多数应用场景。

4.4.2　其他图像类型

本节进一步将散点图扩展到其他类型的可视化图像。假设 V 为一个一般的可视化函数，该函数将一个空间的点 (x, y) 映射为值 $V(x, y)$。相应的，假设函数 $\mathcal{F}$ 为近似度函数，能够计算两个由 V 生成的可视化图像之间的近似度关系。本节用热力图和 MSE 函数来说明如何扩展前面的结果。

热力图。热力图是将一个空间划分为格子，每个格子中包含该格子中记录数量的图像。其中，每个格子中记录的数量可以看作是记录的密度。一般情况下，为了视觉效果，生成热力图的时候会将格子之间进行平滑处理，例如计算两个相邻格子的平均值等等。热力图可以视为散点图的一个扩展，不同之处在于散点图中每个点仅用 0 或者 1 表示，而热力图表示的是该点的记录的数量。针对热力图也有很多近似度函数，例如第 2 章中介绍过的 MSE。

使用 MVS+ 生成热力图。将 MVS⁺ 扩展为支持生成热力图的主要思想为：建立 MVS⁺ 时保留每个格子中的记录的密度信息，利用这个密度信息来生成热力图，并计算其近似度。例如，图 4-16 中显示了如何为生成热力图建立精确图像的过程。在这例子中，将精确图像的分辨率设定为与热力图的分辨率相同。对精确图像的每一个格子（像素），保存落在该格子中的记录的数量，即格子中记录的密度。对于两个相邻的区间的相同位置的格子，两个格子中的记录的数量的和即为两个区间在该格子中的记录的数量。即在散点图中，精确图像采用逻辑"并"或者"交"的操作，而在热力图中使用"和"或者"差"，此处的"和"或者"差"与矩阵的"和"或者"差"的计算方式相同。

使用 MSE 计算热力图近似度。图 4-16 显示了一个查询区间为 C = [3/10/2015, 12/15/2016] 且近似度要求为 $\tau = 0.9$ 的热力图的查询。对于查询完全覆盖的区间 [4/2015, 11/2016] 来说，可以使用这些区间的精确图像的和来生成一个近似的热力图 V_α。类似的，假设 V_θ 为使用区间 [3/2015, 12/2016] 的精确图像的和生成的热力图，则根据 MSE，有

$$MSE(V_\theta V_\alpha) \geqslant MSE(V(Q(T)), V_\alpha) \tag{4-9}$$

证明

对任意像素 i，假设 $V_\theta(i) = V(Q(T))(i) + \Delta_i$，则有

$$MSE(V_\theta, V_\alpha) = \sqrt{\sum_{i=1}^{m \times n} [V_\theta(i) - V_\alpha(i)]^2}$$

$$= \sqrt{\sum_{i=1}^{m \times n} [V(Q(T)(i) + \Delta(i) - V_\alpha(i)]^2}$$

$$\geqslant \sqrt{\sum_{i=1}^{m \times n} [V(Q(T)(i) - V_\alpha(i)]^2}$$

$$= MSE(V(Q)(T)), V_\alpha)$$

基于这个证明，可以使用 $MSE(V_\theta, V_\alpha)$ 作为 V_α 的近似度下限。如果 V_α 不能满足近似度要求 τ，则需要发送查询从原始数据表中获取区间为 [3/10/2015, 3/31/2015] 或者 [12/1/2016, 12/15/2016] 或者两个区间内的数据来生成高近似度的近似图像。同理，其他公式也可以以同样方法进行扩展。

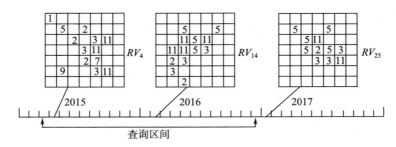

图 4-16　生成热力图所需的精确图像

4.4.3　缩放和拖拽

目前为止，本书仅考虑了固定分辨率和固定位置的可视化图像的结果，例如全美国地区的地图。但是，对交互式数据可视化来讲，对图像进行缩放和拖拽是非常常见的操作。在绝大多数可视化系统中，可视化图像都是以不同分辨率存储的，每一级分辨率为一个层级，缩放操作实

际上是不同层级图像的切换，例如常见的地图浏览一般分为 10 ~ 18 个层级。在后面的描述中，本书假设放大操作对应于层级降低，缩小操作对应于层级升高。

为了对这些操作进行支持，一个简单的策略是在每一个缩放层级上都建立相应的 MVS⁺ 结构，然后利用精确视图和精简视图来响应查询。当用户放大到一个非常小的区域的时候，例如洛杉矶，则能够满足空间和查询条件的记录数量可能会变得非常少，则通过数据库中的 B+ 树索引（数值型属性）和 R 树索引（空间属性），数据库引擎可以非常快速地将结果从数据表中取出。所以，在 Marviq 中，仅需要存储特定缩放级别以上的图像以降低对存储空间的需求。但是忽略掉低层级之后，存取图像的代价可能仍然非常大。本节给出一系列优化措施降低图像的存取代价。主要包括如下三点：

（1）图像层级优化

因为低层级的图像可以被用来计算高层级的图像，所以一个极端策略是只存储最低层级的图像，即分辨率最高的那一层级。但是，这样做虽然节省了存储空间，却增加了计算成本，因为高层级的图像首先需要将低层级图像读取出来，然后二次计算转换才能获得。例如，为了响应整个美国地区的显示请求（假设缩放层级为 10，分辨率为 480×270），就需要将最低层级的全部图像读取出来（假设缩放层级为 3，分辨率为 61 440×34 560），然后计算出所需要层级的图像。基于此讨论，可以将两个策略相结合，来平衡存储空间和计算开销。即每隔 k 个层级存储一个图像，对于未存储图像的层级，可以利用低层级的图像进行计算。例如，如果 k=2，则仅为层级 10, 8, 6, 4 和 2 分别存储相应的图像，然后对 9, 7, 5, 3, 1 层级的图像进行计算。需要注意的是，可以通过更加巧妙的设计，例如使低层级的精简图像的分辨率等于高层级的精确图像的分辨率，这样可以省去中间二次计算的代价，进一步提高响应速度。

（2）图像分块

当用户缩放到一个更高层级的时候，例如加州地区，系统并不需要将该层级的全部图像加载进来。由于在数据库中存储的图像是包含空间坐标的，所以可以对图像建立 R 树索引，这样仅需要通过叠加查询条件，只读取加州地区附近的图像就可以满足可视化的需求，例如对表 Parent_Pixels 和 Child_Count 上的 (x, y) 建立 R 树索引。或者，如文献 [90] 中所述，可以显式地将图像切分为不同的块（tile），这样只需要对可见的区域加载对应的块。

（3）异构存储策略

为了进一步降低存储空间和磁盘 I/O 开销，可以对不同区域采取不同的存储策略。例如，对数据记录密度非常大的区域，例如一些大城市周围，可以存储多个层级的图像；而对一些低密度记录的区域，例如内华达沙漠地区等，可以仅存储低层级的图像，然后利用这些图像来计算高层级的图像。

4.5　实验

本书设计了用户调研并且使用了多个实际的数据集开展了大量的实验来验证 Marviq 模型的有效性和高效性。

4.5.1　实验数据和平台

4.5.1.1　实验数据

本书使用了三种实际应用的数据集：Twitter 数据、Foursquare 签到数据和纽约市黄色和绿色出租车的接乘数据 NYC Taxi，其大小和特点如表 4-2 所示。

表 4-2　Marviq 实验中使用的数据集

数据集	记录数量 / 百万	原始数据大小	数据表大小
Tweet	100	18GB	18.7GB
Foursquare	33	2.1GB	2.2GB
NYC Taxi	1 300	320GB	324GB

1）Twitter 数据集为使用 Twitter 公司提供的公开 API 获取到的北美地区 2015 年 11 月至 2017 年 6 月的数据。根据 Twitter 公司提供的信息，该 API 随机地返回其全部数据集中 1% 的记录。本书仅选取了包含地理位置信息的共约 1 亿条数据。原始的数据中包含 200 多个属性，本书仅保留了 ID、坐标（coordinate）和文本内容（content）三个属性。在这三个属性上，本书分别建立了主键索引（ID），全文检索索引（content）和 R 树索引（coordinate）。其中，推特的 ID 是由其创建的时间戳生成的，随意可以作为连续型数据处理。

2）Foursquare 数据集为 Foursquare 公司公开的全球的兴趣点（POI）的签到数据，这些数据包含 ID，签到时间（checkin_time）以及签到点的坐标（coordinate）等信息。同样的，本书对这三个属性分别建立对应的索引。在实验中，将签到时间作为连续型数据进行处理。

3）NYC Taxi 数据集为纽约市　2006　年以来的所有黄色和绿色出租车的乘车信息，包含　ID、乘车和下车时间、上下车坐标、支付方式等。本书同样为每个使用到的属性建立对应的索引。同样的，本书仍旧将乘车时间作为连续型数据进行处理。

4.5.1.2　实验平台

（1）数据库

后端数据库采用 PostgreSQL v9.6，其主要配置参数为：

1）共享内存（Shared Memory）：32GB；

2）工作内存（work_mem）：2GB；

3）运维内存（maintainance_work_mem）：2GB；

4）最大并行线程数（max_worker_processes）：64。

（2）服务器

实验采用了单台物理服务器，实验测试期间仅运行实验程序，其主要配置参数为：

1）CPU：Intel Xeon 银牌 4 208 × 2；

2）内存：64GB；

3）硬盘：4TB SSD × 3；

4）网络：1Gbit/s 网卡；

5）操作系统：CentOS 7。

实验中，使用各个数据集的时间属性作为查询条件，默认在时间属性上建立的索引方式为 B+ 树。实验中使用的可视化图像类型为散点图（Scatterplot），使用的图像近似度函数为 Jaccard。图像的存储方式为坐标方式，使用前文给出的四个表结构存储。使用 Python v2.7 实现系统原型。除特殊说明，本节中的数据均为以上软硬件配置中的结果。为了进一步检验本书提出的方法的通用性，在扩展实验中，近似度函数也使用了包括 PSNR 和 SSIM 在内的多个函数。

4.5.2　用户调研

本书设计并开展了用户调研，主要目的有如下两个：

1）获取图像近似度阈值 τ，以测试本书提出的采用用户调研方式获取图像最低近似度阈值的方法的有效性。

2）评估 Marviq 和其他方法的优劣。在用户调研中，本书文选择了目前最新同时也是影响力较高的方法进行对比，即 Sample + Seek[26]，它基于抽样技术且能够支持本书提出的 ad-hoc 查询。

由于 VAS[29] 不支持热力图及 ad-hoc 查询，所以在用户调研中先忽略该方法，仅对比其生成样本和相同近似度图像时的性能。

4.5.2.1　用户调研过程

在用户调研中，共招募了 36 个用户参与调研，其中包括 11 名女性和 25 名男性，年龄在 20 ~ 30 岁之间，身份为本科生、研究生和互联网企业的员工；专业包括计算机、金融等。为了使调研过程和内容更加丰富，在实验中共选择四个地理区域来生成图像，即美国大陆地区、洛杉矶地区、纽约地区和芝加哥地区；选择了两种最常见的可视化图像类型，即散点图和热力图；选择了两个可视化查询，查询区间分别为一个月和一周，如表 4-3 所示。

表 4-3　用户调研中的可视化图像参数

参数类型	数量	详情
可视化查询区域	4	美国大陆地区，洛杉矶地区，纽约地区，芝加哥地区
可视化图像类型	2	散点图，热力图
可视化查询时间范围	2	一个月，一周
可视化图像生成方法	2	Marviq，Sample + Seek

　　对每个区域、每种可视化图像类型以及每个查询时间范围，实验中首先为其生成一张原始图像，然后在 Marviq 中，将查询结果平均分为 10 份，对每种图像生成方法分别使用 1 ~ 9 份生成 9 张近似程度递增的近似图像；在 Sample+Seek 中，使用不同参数生成由小到大 9 个样本，然后使用这些样本分别生成近似程度同样为递增的近似图像。实验中共生成了 304 张图像，图 4-17 显示了其中的部分图像，分别为美国大陆地区的散点图和纽约地区的热力图。

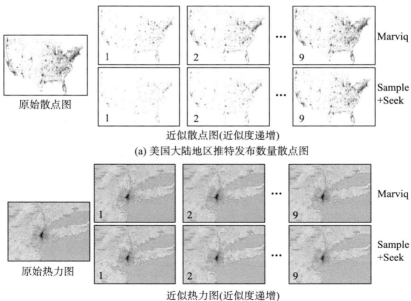

(a) 美国大陆地区推特发布数量散点图

(b) 纽约地区推特发布数量热力图

图 4-17　用户调研中的示例图像

　　在调研时，针对每个区域、每种图像类型、每个查询范围以及每种生成方法，要求每名参与用户以原始图像为参考，从近似图像中选择其能接受的最低相似度的图像。实验中将每种方法的名字隐掉，近似图像按照近似程度从低到高，使用 1 ~ 9 进行编号，并将图像的原始文件交由用户查看，允许其使用任何工具、任何操作对原始图像和近似图像进行对比。如果用户对所有近似图像都不能接受，则允许用户选择"无"。每名用户大约花费 27 ~ 42 分钟完成实验，实验中共收集了 1 152 个编号值（36 名用户 ×4 个区域 ×2 种图像 ×2 个查询范围 ×2 种生成方式）。

4.5.2.2　用户调研结果

　　表 4-4 中 (a) 和 (b) 两个子表分别显示了散点图和热力图的用户调研结果。表中每个格子包含两个值，分别是 Marviq 和 Sample+Seek 的结果。对每种图像，每个地区有 72 个值（36 名用户 ×2 个查询范围）。可以看到，在散点图中，对 Sample + Seek 所生成的近似图像中，共有 44 例不能被用户接受，而 Marviq 中仅有 1 例。对 Marviq 和 Sample + Seek 来说，用户选择的能接受的近似图像的平均编号分别为 5.4 和 8.6。在热力图中，有 10 例 Sample + Seek 生成的图像不能被接受，而 Marviq 没有；对应的能够被用户接受的近似图像的平均编号分别为 2.2 和 5.0。从用户可接受的数量上看，用户更倾向于接受 Marviq 方法所生成的近似图像，并且用户接受的平均编号也比 Sample + Seek 更低，这意味着 Marviq 可以更容易地生成满足用户需求的近似图像。

　　在用户的调研过程中还有一个非常重要现象，大多用户通过采用多个屏幕或者单个屏幕分屏的方式对比原始图像和近似图像，例如将原始图像放在左边，近似图像放在右边，然后滚动查看近似图像，以选取能够接受的图像。在 Sample + Seek 生成的散点图的近似图像中，在切换更高近似程度的图像时有一些数据点会消失，这是因为该方法在使用样本生成近似图像时，高近似度图像的样本并不是低近似度图像样本的超集，所以在低近似度图像中出现的数据点有可能会在高近似度图像中消失。与此相反，在 Marviq 中，高近似度图像是低近似度图像的超集，所以其生成的近似图像在切换时已经出现的数据点会一直保持稳定。类似的现象也会出现在热力图中，例如一些热力较低的区域会消失，或者由浅变深等等。这种现象的存在让用户更加倾向于选择 Marviq 方法。

在 Marviq 中，实验使用 Jaccard 函数计算近似图像的相似度，Sample + Seek 图像使用 Distribution Precision 计算近似图像与原始图像的距离，距离越小代表相似度越高。关于两种方法生成同样被用户接受的近似图像的性能对比，本书放在"与 Sample+Seek 的比较"（4.5.7节）中。

表 4-4　用户调研结果

(a) 散点图

	美国大陆	纽约	洛杉矶	芝加哥
用户接受的数量	71/65	72/56	72/54	72/69
用户不接受的数量	1/7	0/16	0/18	0/3
被接受的图像的平均编号	5.5/8.2	5.1/8.8	6.1/9.0	4.9/8.3
被接受图像的平均近似度	65%/0.02	57%/0.018	70%/0.015	53%/0.02

(b) 热力图

	美国大陆	纽约	洛杉矶	芝加哥
用户接受的数量	72/72	72/72	72/62	72/72
用户不接受的数量	0/0	0/0	0/10	0/0
被接受的图像的平均编号	2.0/3.9	1.8/3.2	2.8/9.0	2.0/4.0
被接受图像的平均近似度	30%/0.06	25%/0.03	37%/0.015	30%/0.06

4.5.3　图像的创建时间和空间大小

本书使用 NYC Taxi 数据来测试图像的创建时间和占用空间的大小。实验中，将父区间的大小设定为 1~5 天，每个父区间均匀地划分为 10 个子区间。将图像的分辨率设定为 1 440×900 到 2 880×1 620，在精确图像中，每个像素点占用 4×4 个像素。实验结果如图 4-18 所示。

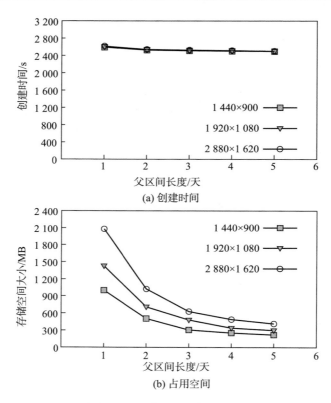

图 4-18　图像大小和创建时间

　　对每一个父区间大小，图像的创建时间由三部分构成：从原始数据表获取数据，生成图像和将图像写入数据库中。实验结果表明，超过99% 的时间用于从数据库中获取数据。当增大父区间大小的时候，生成图像的时间变长，但是可以看到总的时间是非常稳定的，这就说明绝大部分时间是用于从磁盘中读取数据并将数据传送给 Marviq。并且由于父区间的增大，导致区间数量的减少，进而查询数量也减少，所以可看到总的创建时间随着父区间增大会略微降低。图 4-18(b) 中显示了图像占用空间大小随着父区间的增大而减小，这是因为父区间增大的时候，被映射到同一个像素的数据量在增多。同时，可以看到与原始数据表相比，图像占用的空间是非常小的，即使父区间长度只有 1 天，全部图像的空间也只有 1.5GB 左右，仅仅占了原始数据大小的 0.5%。

在创建 MVS$^+$ 的时候，实验中设定每个父区间被均匀地划分为 10 个子区间，通过调整精简图像的分辨率，可以使得 MVS$^+$ 的大小与 MVS 的大小一致（实验中为 32 × 18）。为了控制两者具有相同的大小，使用如下比例控制 MVS$^+$ 中父区间的长度

$$m = \frac{\text{MVS}^+ \text{父区间长度}}{\text{MV}^S \text{父区间长度}}$$

当 $m = 1.1$ 时，两个图像结构具有相近的大小。实验表明 MVS$^+$ 的创建时间与 MVS 的非常接近。在后续的实验中，精确图像的分辨率设定为 1 920 × 1 080。

4.5.4 Marviq 性能

针对每一个数据集，实验中生成了对应的工作负载来测试不同数据集下 MVS 和 MVS$^+$ 的性能。查询区间的长度越长，其所能够完整覆盖的父区间的数量就越多，则需要从原始数据表中获取的数据的数量就越少，所以在这个实验中，本书以父区间的长度为基本单位来生成不同长度的查询。生成查询时，将其长度设定在 0 ~ 5 之间，针对每个不同的长度，随机生成 1 000 个查询。

使用 MVS 生成原始图像的响应时间。图 4-19 显示了使用 MVS 生成原始图像的响应时间。可以看到，原始查询的响应时间是随着查询区间的大小增长而线性增长的。但是，在 Marviq 中，使用 MVS 时的响应时间是非常稳定的，根据数据集的不同，大约在 0.2 ~ 0.5s 之间。这个响应时间包含了 Marviq 获取查询区间中包含的精确图像（访问 MVS）的时间以及从数据库中获取查询两边部分覆盖的区间的数据（访问原始数据表）的时间。

MVS 和 MVS$^+$ 的比较。对每一个数据集，在实验中首先生成 MVS，然后通过调整 m 值的大小和 LV 的分辨率来保证 MVS$^+$ 占用的空间和 MVS 大小一致。每个图像的近似度要求 τ 设定为 70%，平均响应时间如图 4-20 所示。可以看到，MVS$^+$ 的平均响应时间总是低于 MVS

的响应时间，根据不同的数据集和 m 值，响应时间的减少比例从 5%～60% 不等。当 m 增加时，LV 的分辨率会随之增加，MVS⁺ 的响应时间会先增加后减少。所以存在一个 m 值能够使系统的性能最高。从实验中可以看出 MVS⁺ 的性能比 MVS 更好，所以在后面的实验中主要使用 MVS⁺ 进行测试。

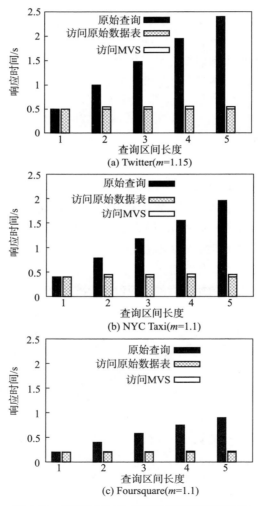

图 4-19　使用 MVS 生成原始图像的响应时间

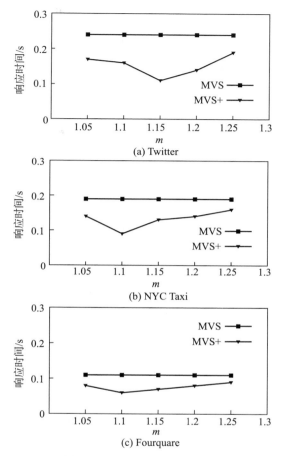

图 4-20　MVS$^+$ 与 MVS 在不同 m 值下的性能比较 (τ=70%)

　　使用 MVS$^+$ 生成近似图像的响应时间。对每一个数据集，实验中比较了使用 MVS$^+$ 和原始数据表的响应时间。对每一个长度，在实验中执行 1 000 个该长度的查询，然后测量其平均响应时间。根据前面的比较，不同的数据集取 MVS$^+$ 性能最高时的 m 的取值。图 4-21 显示了不同可视化图像近似度要求下的响应时间。使用 MVS$^+$ 时，实验中设定 τ=80%，70% 和 60%。可以看到，随着查询长度的增加，Marviq 的响应时间是减少的。原因在于当查询区间的长度变长时，可以使用的精确图像的数量增多了，能够更容易生成满足要求的近似图像，而不需要再从原始数据表中获取数据记录。而获取精确图像的效率是非常高的，所以整体响应时间是减少的。以本实验为例，在纽约的拥有 13 亿条出租车记录数据集上，Marviq 可以在 0.4s 内生成原始图像，如果使用 MVS$^+$，则可以在 0.1s 内生成近似度不低于 70% 的近似图像（70% 为用户调查中所有用户可接受的图像近似度的最大值），而所需额外存储空间仅为 0.5% 的原始数据集大小。

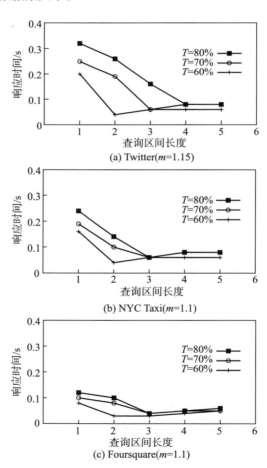

图 4-21　使用 MVS$^+$ 生成近似图像的响应时间

估计近似度和真实近似度的误差。为了了解使用前面估计近似度的公式计算出的近似图像的近似度和其真实近似度的差别，实验中创建了包含 4 种不同长度查询的工作负载。每个查询覆盖 0 ~ 3 个完整的父区间及 9 个完整的子区间（每个父区间包含 10 个子区间）。实验中通过使用公式（4-3）来对包含不同数量的子区间所生成的近似图像的近似度进行估计。图 4-22 显示了不同长度下的 1 000 个查询的平均的估计近似度和真实近似度的误差。

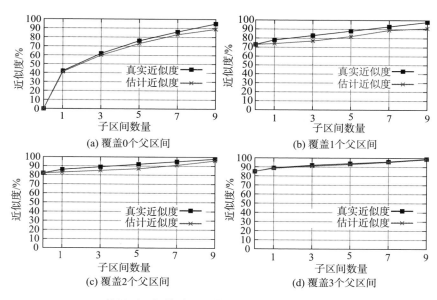

4-22　使用子区间估计的图像近似度和真实近似度的误差

可以看到，估计近似度和真实近似度的差别是非常小的。并且随着使用的子区间的增加，真实近似度和估计近似度都是增加的。同时，覆盖的父区间越多，估计近似度和真实近似度的差别就越小，因为父区间的精确图像本身就已经能够提供近似度非常高的近似图像。

4.5.5　图像分裂和合并

为了测试不同图像生成策略下生成的图像的性能，在实验中使用了

NYC Taxi 数据集中两个月的数据，设定存储空间大小为 10 个父区间，每个父区间长度为 6 天，包含 10 个等长的子区间，使用父区间数量受存储空间大小的限制，即最多可以生成 10 个父区间。创建了 1 000 个查询的工作负载，近似度要求设定为 $\tau = 90\%$，每个查询的起始点为第 2 到第 3 个父区间内，终止点为第 4 到第 5 个父区间内，长度从 0.5 到 2 个父区间不等。实验中使用前面列举的三种不同的图像生成方式，即固定区间、给定工作负载和动态生成。固定区间策略下，将 2 个月的数据均匀地划分为 10 个父区间，每个父区间均匀地划分为 10 个子区间，然后为其分别生成 EV 和 LV。给定工作负载的策略下，使用生成的工作负载，根据算法生成 10 个区间。动态生成策略下，首先按照固定区间的方式初始化 10 个区间，然后设定历史记录窗口大小为 100 个查询，动态地根据查询来调整区间和图像数据。

表 4-5 显示了三种策略下的系统性能，包括响应时间和返回的结果大小，以及仅使用精确图像就可以响应的查询的比例。毫无疑问，给定工作负载的情况下生成的图像效率最高，动态生成的性能比固定区间的性能更高。

表 4-5　不同 MVS⁺ 生成策略下的性能对比

	固定区间	给定工作负载	动态生成
MVS⁺ 大小（记录数量 #）	184K	82.8K	110K
平均响应时间 /s	2.95	1.34	1.77
使用精确图像可以响应的查询的比例（仅使用精确图像并集）	48.4%	88.9%	81.6%

4.5.6　与 VAS 的比较

VAS 是一种通过生成样本的方式提供近似图像的技术，与 Marviq 的方式有不同的应用场景和设定。VAS 仅适用于散点图，其方法是生成样本而非对数据进行预处理，其工作包含了用户调研问卷来衡量生成的散点图的近似度，并不占用额外存储空间。而 Marviq 是通过对数据进行预处理，生成图像，并且依赖于这些图像来生成近似图像并对其近似度进行估计，需要占用额外存储空间。

　　本书设计了一个实验来与其进行对比，实验的目的是测量在给定近似度函数的情况下以空间换取时间的效率。实验中随机生成了 1 到 3 个长度的查询，对每一个查询，以其查询结果为原始数据，利用 VAS 生成不同大小的样本（5% ~ 15%）。对每一个样本，计算其生成时间和生成的近似图像的近似度（使用 Jaccard 函数），然后以该近似度为 τ，使用 MVS^+ 来生成对应近似度的近似图像，并测量其响应时间。

　　表 4-6 显示了对比结果。可以看到对于同样的查询和图像近似度要求，MVS^+ 的响应时间远远小于 VAS 的时间（从超过 1 000s 降低到 1s 左右）。

表 4-6　VAS 和 MVS^+ 对比结果

VAS 样本大小（与原始数据相比）/%	VAS 样本近似度/%	VAS 生成时间/s	MVS^+ 响应时间/s	MVS^+ 大小（与原始数据相比）/%
5	85.5	1 323.3	0.01	0.15
10	92.9	1 469.9	1.20	0.15
15	94.8	2 018.7	1.45	0.15

4.5.7　与 Sample + Seek 的比较

　　Sample + Seek 在热力图（Heatmap）上使用其提供的 DP（Distribution Precision）函数作为近似度函数来生成近似的热力图。Sample + Seek 通过给定的距离 ε（与本书中的 τ 类似）来生成一个离线样本，利用这个离线样本来生成近似图像并且给出一定概率（置信度，默认为 95%）下的图像的近似度。

　　实验中使用 Twitter 数据集，ε 的大小设定为从 0.100 ~ 0.025。对每一个 ε，在实验中生成相应的样本，其大小和记录数量如表 4-7 所示。Sample + Seek 要求将样本保存在内存中，但是本书的实验中，因为需要在对结果做 group-by 操作之前使用查询条件，所以将结果存储在数据库中的效率要比存储在内存中更高，因为可以利用数据库的索引来大大提高检索效率，而在内存中，则需要对全部样本进行扫描。为了使 Sample+Seek 效率更高，本书在实验中选择将样本存储在数据库中。

表 4-7　Sample+Seek 结果

距离 ε（本书中的 τ）	0.100	0.075	0.050	0.025
样本大小 /MB	34	62	137	550
记录数量 / 百万	1	1.78	4	16

　　实验结果如图 4-23 所示，对不同长度的查询，两种方法的响应时间都非常稳定。当 ε 提高的时候，Sample + Seek 的响应时间随之降低。Marviq 所用时间在 0.4s 左右，与 Sample + Seek 相比，比其部分性能稍低，但是不同之处在于 Marviq 能够提供 100% 近似度的图像。另一个优势在于，这个空间大小是固定的，而 Sample+ Seek 的样本大小会随着 ε 的改变而改变。

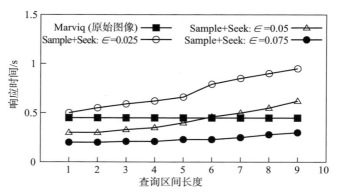

图 4-23　Sample+Seek（$\varepsilon > 0$）和 Marviq（$\varepsilon = 0$）的响应时间对比

　　需要特别指出的是，在 Sample + Seek 方法中，为了能够提供距离小于 ε 的近似图像，要求其样本中满足查询条件的记录的数量为 $1/\varepsilon^2$，并且这个数量并不依赖分组数量的大小，但是分组数量的大小对于散点图这种可视化图像来说至关重要。所以，Sample + Seek 中提出的 Distribution Precision 函数是否适合于对散点图的测量，仍然需要进一步的研究。

　　图 4-24 显示了用户调研中生成同样被用户接受的近似散点图时 Marviq 和 Sample + Seek 的性能比较。根据用户调研，Sample + Seek 中被用户接受的近似图像的平均编号分别为 8.6，其对应的样本大小为 1.5GB。Sample + Seek 需要大约 3.5s 的时间查询并返回结果。相比之下，Marviq 中被用户接受的近似图像的平均编号为 5.4，且 Marviq 能够在 0.2s 之内返回结果，而额外空间仅需要 129MB。热力图的对比结果与散点图类似，在此不再赘述。

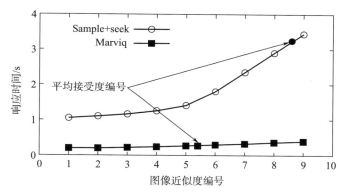

图 4-24　Sample+Seek 和 Marviq 生成近似图像的时间对比

4.5.8　其他近似度函数

　　除本书中提到的 Jaccard 函数之外，为了验证 3.1 节中提出的两个函数属性，实验中还使用了 PSNR 和 SSIM 两个函数对近似图像的近似度进行了测量。

　　如前文所述，这两个函数是为了从用户认知角度对两个图像相似度进行判断，其都满足 3.1 节中提出的两个函数属性。PSNR 是通过 MSE 来定义的，$PSNR = 10 \times \lg(\dfrac{1}{\sqrt{MSE}})$，其中 MSE 为两个图像的均方差。SSIM 是 PSNR 的改进。实验结果如图 4-25 所示，可以看到与 Jaccard 函数的结果非常接近，即都可以用于 Marviq 中。

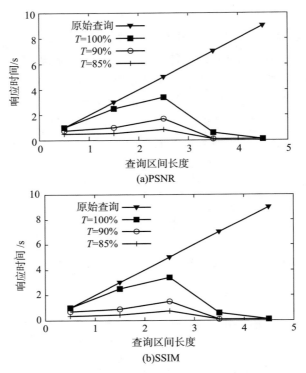

图 4-25　使用不同近似度函数的响应时间（NYC Taxi, MVS$^+$, $m = 1.1$）

4.6　小结

本章研究了如何高效地完成对连续型数据的任意查询条件下的数据交互式可视化问题，对此，本章提出了一种新的框架——Marviq，该框架能够提供带有最低近似度保证的近似图像，且该近似度保证是 100% 确定的。同时，在用户不能接受近似图像的情况下，可以生成原始图像。其主要思想是通过预先生成图像并将图像存储在数据库中，对于带有近似程度要求的可视化请求，Marviq 使用这些预先生成的图像来生成最终的近似图像，并且对近似图像的近似度进行计算，给出其下限。本书还对如何扩展到其他图像近似度函数、可视化图像类型、缩放拖拽以及多重属性等进行了深入研究和讨论，并给出了完整的解决方案。最后开展了用户调研及大量对比和性能测试实验，利用现实中的三种数据集从不同角度展示了 Marviq 框架的有效性和高效性，实验表明，在数亿条记录的数据集上，Marviq 能够对 ad-hoc 查询提供亚秒级的请求响应速度。

第 5 章　离散型数据处理模型

本章讨论查询条件中的属性为离散型数据时的处理情况。在离散型数据中，本书主要考虑分类（Categorical）数据和文本数据（Text），其中对分类数据的查询称为分类查询，对文本数据的查询称为关键字查询。与连续型数据不同，对离散型数据的查询通常为等值查询，因而无法通过修改查询区间的方式对查询进行重写，以减小查询结果大小，提高响应速度。本书提出 NSAV（Native-Sampling-based Approximate Visualization）模型，其主要思想是利用数据查询语言提供的原生抽样方法来获取查询结果的子集，即 TABLESAMPLE 和 LIMIT，然后将获取的子集生成近似图像以提高响应速度，并对近似图像的近似度进行计算。针对这两种生成子集的方式，本文分别为其建立 rQ- 模型和 kQ- 模型。同时，NSAV 还支持以离线样本与在线查询相结合的方式进一步提高查询的响应速度。

本章首先阐述了 TABLESAMPLE 和 LIMIT 的使用方式、研究难点以及可能性，对比了两者的优缺点，并结合数据集的存储方式及查询类型，给出了两者适用范围。然后，给出了两者的建模方式，并进一步提出了多种优化措施，能够极大加快模型的建立时间。在分析数据的空间分布和数据访问方式的基础上，本章提出了建立高质量离线样本的方式。最后，本章开展了大量的实验，从不同角度对比验证了 NSAV 模型的高效性。

5.1　TABLESAMPLE 和 LIMIT 概述

在 SQL 标准中，提供了 TABLESAMPLE 和 LIMIT 两个关键字来快速提供查询结果，本节先对其进行简要说明。

5.1.1 TABLESAMPLE

在默认情况下，TABLESAMPLE 提供两种方式来生成样本，即基于文件块（Block/Page-Based）抽样和基于记录（Record/Tuple-Based）抽样，其语法为

```
SELECT select_expression
FROM table_name
TABLESAMPLE sampling_method ( argument [, ...] )
[ REPEATABLE ( seed ) ]
```

其中，sampling_method 为抽样方式，系统默认函数名称分别为 SYSTEM 和 BERNOULLI，分别对应于基于文件块和基于记录的方式。REPEATABLE 为随机种子参数，决定多次执行该查询是否返回同样的样本记录。

5.1.1.1 抽样方式

以 PostgreSQL 为例，图 5-1 显示了其 TABLESAMPLE 的两种抽样方式，图中蓝色方块代表数据表占用的 5 个文件块（编号为 1 ~ 5），每个文件块中存储若干条数据记录 [①]。在基于文件块的抽样方式中，数据库引擎通过随机 I/O（Random I/O）的方式遍历存储数据表的所有文件块（通过扫描文件块索引或者其他特殊的索引），如果某个文件块被选中，则其中的所有记录都会被选中作为样本。如图中第 1、3 和 4 个文件块在扫描过程中被选中，则其中所有的记录都被作为样本。在基于记录的抽样方式中，数据库引擎通过顺序 I/O（Sequentail I/O）的方式单独地遍历数据表的每一条记录（通过扫描 TID 或者其他特殊的索引），如果

---

① 块大小与操作系统及文件系统有关，例如默认情况下 Window 系统中的 NTFS 文件系统和 Linux 系统中的 Ext4 文件系统的文件块大小都为 4kB。理论上，每个块中存储的记录数量约等于块大小除以记录大小，但是由于数据库引擎一般会预留空间以提高数据插入等更新操作的性能，所以实际中文件块并不是占满的，与图中显示略有区别。

该记录被选中，则被作为样本返回，否则被丢弃。例如图中灰色部分为被抽样选中的记录。

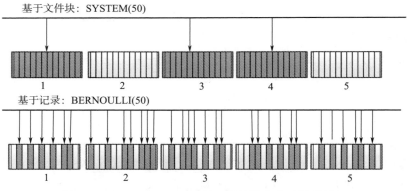

图 5-1　TABLESAMPLE　的两种抽样方式（见彩插）

两个抽样函数的必选参数（argument）为抽样概率 r，其取值范围为 $r \in (0, 100)$，即文件块（基于文件块的抽样）或者记录（基于记录的抽样）被随机选中的概率，设数据表中记录数量为 N，则函数返回结果中记录数量约为 $N \times \dfrac{r}{100}$。

在抽取过程中，系统根据随机函数生成的值决定抽样对象是否被抽中。例如，随机函数生成的数字范围为 [1, 100]，抽样函数的参数为 50，则当随机函数生成的数字小于等于 50 时该抽样对象才会被选中。基于以上描述，可知最后的抽样结果和原始数据的比例不能够严格保证与给定的参数相等[1]，但是当数据量足够大的时候，二者的差距是非常小的。抽样过程在不同的数据库有不同的实现方式，但是原理和结果都是类似的。

---

① 微软公司的 SQL Server 数据库支持指定返回数据记录数量的方式进行抽样，但是仍然不能保证返回的记录数量与指定的值严格相等。

5.1.1.2　抽样结果比较

在基于文件块的抽样方式中，由于其抽样对象为文件块，所以在执行速度上比基于记录的抽样方式更快。例如，在实验中，对大多数查询，基于文件块的抽样方式比基于记录的抽样方式快一个数量级以上。但是，由于基于记录的抽样方式的粒度更细，所以其抽样结果更加均匀，而基于文件块的抽样方式的结果中有聚簇[142]现象。根据统计学中的中心极限定理[143-144]，当数据量足够大、使用文件块足够多的时候，对于相同的查询条件，两种抽样结果的差别非常小，并且对于同一种抽样方式和同一抽样概率，不同轮次的抽样结果生成的可视化图像近似度相差也非常小。

本书讨论的是对大规模空间数据的处理，数据规模通常为 TB 级，以每个文件块 4kB 计算，数据集所占用的文件块数量通常在 20 万以上。同时，根据实验中的数据，抽样概率至少为 1%，即从 20 万抽样对象中抽取至少 2 000 个样本，完全满足中心极限定理中对样本量的要求，具备统计学意义。所以，在对 TABLESAMPLE 进行建模的时候，本书采用基于文件块的抽样方式，即使用 SYSTEM 抽样函数。

5.1.2　LIMIT

SQL 标准中允许为查询语句添加 LIMIT k 关键字来限制返回的查询结果的大小。虽然不同的数据产品有不同的语法和实现方式，但是 LIMIT 的执行过程是非常类似的，即在获取到指定数量（k）的结果后立刻将结果返回。为了简单起见，在后面的描述中，使用"LIMIT k"来表示这个限定条件。例如，下面这个 SQL 程序通过增加 LIMIT 语句来指定返回的记录不超过 5000 条。

```
SELECT coordinate
FROM tweets
WHERE CONTAINS(text,´fortnite´)
LIMIT 5000;
```

5.1.2.1   使用 LIMIT 的挑战

在 SQL 标准中只给出了 LIMIT 的特性，即返回不超过指定数量的记录，并没有指定应该返回数据表中哪些位置的记录。不同的数据库产品有不同的实现方式，这就造成了 LIMIT 查询的结果是不确定的，给使用 LIMIT 带来挑战。LIMIT 查询结果的不确定性主要有以下两个原因。

（1）查询计划变更

数据库查询优化器会根据不同的条件生成查询计划。当 LIMIT 查询中的 k 值更改导致选择率（Selectivity）变化时，或者主机内存、硬盘、缓存等硬件条件变化时，LIMIT 查询的执行计划会改变，例如可以使用不同的索引，或者放弃索引而直接顺序扫描数据表，不同的查询计划所得到的结果的内容和响应时间也会变化。

（2）多线程问题

很多数据库产品（如 PostgreSQL）为了提高查询效率，会选择采用多线程的方式来执行查询计划。图 5-2 显示了在 PostgreSQL 中利用多线程执行 LIMIT 查询的过程。根据系统的多个软件及硬件参数，查询引擎决定生成 4 个线程共同完成 LIMIT 查询，每个线程负责扫描全部记录中的一部分，其中一个线程（worker1）除扫描记录之外还被赋予搜集其他线程扫描的记录结果的任务。由于不同的线程会竞争使用各项资源，导致线程之间的扫描进度会有差别，从而导致同一查询在不同执行轮次时得到的结果会有差异。图 5-3 显示了同一查询在不同执行轮次下得到的结果生成的可视化图像的近似度波动情况。不同的曲线代表了不同的 k 值，同一曲线中不同的数据点代表不同的执行轮次。

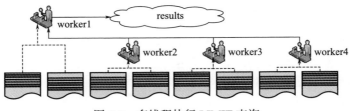

图 5-2   多线程执行 LIMIT 查询

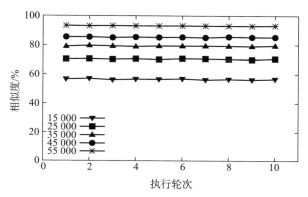

图 5-3　多线程对图像近似度的影响

5.1.2.2　LIMIT 行为的可预测性

虽然不能修改数据的存储顺序或者数据库中查询的执行计划，但是仍然可以通过观察其物理执行计划的方式对其进行建模。大多数的数据库产品都会提供一些工具来帮助用户理解和掌握查询的执行计划，如Explain，Analyze 等。通过这些工具输出的信息，可以对查询进行形式化的描述。图 5-4 显示了 PostgreSQL 中使用 LIMIT 查询来限定对关键字"fortnite"的查询结果的执行计划。

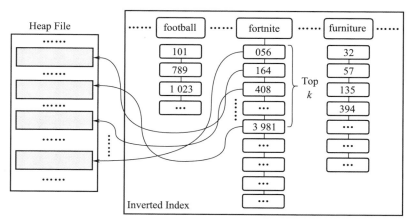

图 5-4　在有反向索引条件下的　LIMIT　查询的执行计划

　　由于数据中建有反向索引，所以查询引擎首先遍历反向索引中"fortnite"对应的逻辑链表（不同数据库存储方式不同，大多数是 B+ 树方式），得到其前 k 个记录的 Record ID，然后利用这些记录的 Record ID 从堆文件中寻找相应的文件块并从文件块中获取对应的数据记录。在这个执行计划中，最耗时的操作是读取堆文件（Heap File）。所以，当 k 变化时，如果该查询计划仍然保持不变，那么就可以推断如果 $k_1 \leqslant k_2$，则 k_1 的结果必然是 k_2 结果的子集。

　　根据这个信息，k 和可视化图像近似度之间的关系就变得可预测了。图 5-5 显示了不同关键字的 LIMIT 查询中随着 k 值的增大，其查询结果生成的可视化图像的近似度也在平滑地提高，并且不同的关键字有不同的增长曲线。

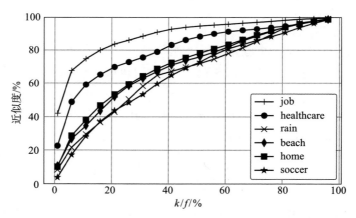

图 5-5　kQ- 曲线：k 和其对应的可视化图像近似度的关系曲线

　　在此图中，由于不同关键字的频率不同，所以 x 轴上使用了 k/f 对其进行归一化，其中 f 为该关键字在数据集中出现的频率（次数）。在后面的介绍中，本书将此类曲线称为 kQ- 曲线。还有另外一个问题是，当多次执行同一个 LIMIT 查询时，所得结果不同是否会导致最终生成的可视化图像的近似度相差较大。再回到图 5-3，对比不同 k 值的波动曲线，可以发现当 k 值增大的时候，其波动幅度在逐步减小，即近似度的方差在减小，当 k 大于 55 000 时其近似度已经非常稳定，而本书解决的是大规模数据的可视化问题，实际应用过程中 k 值会远大于这个值。同时，查询计划的变化也发生在 k 值较小的时候。所以，这就允许本书使用 LIMIT 来建立模型，对可视化查询进行重写以生成近似可视化图像。

5.1.3　TABLESAMPLE 与 LIMIT 对比

这两种方式的共同点是都能够返回查询结果的一个子集，但是这两个关键字的执行方式、获取的结果及对查询计划的影响都完全不相同，本节分别对其进行详细讨论，然后阐述在响应可视化请求时如何利用这两个关键字。

5.1.3.1　执行效率

从上文对 TABLESAMPLE 和 LIMIT 的分析中可以得知，TABLESAMPLE 需要对全数据表进行扫描，而 LIMIT 仅需要扫描一部分。所以，当获取相同大小的子集时，LIMIT 的执行效率要远高于TABLESAMPLE。

表 5-1　获取相同记录数量时 TABLESAMPLE 和 LIMIT 效率对比

关键字	出现频率	LIMIT		TABLESAMPLE	
		获取数量	执行时间 /ms	获取数量	执行时间 /s
football	95801	9500	61	9490	289
hurricane	30004	3000	23	3010	289
revenue	15920	1500	12	1530	289
pizza	166013	16000	125	16100	289

表 5-1 显示了对四个不同关键字查询时获取相同数量的记录时的响应时间对比。表中 TABLESAMPLE 采用了基于文件块的抽样方式，抽样概率为 10%，由于无法保证获取结果的准确数量，所以两者返回的结果大小不完全一致，但是相差极小，可以忽略。可以明显看出，LIMIT 的执行效率要远远高于 TABLESAMPLE。以当前的 SQL 标准提供的功能看，LIMIT 是获取指定数量记录的最快方式。

5.1.3.2　数据存储顺序对结果的影响

数据的存储顺序是指数据表中数据记录的插入顺序。由于 TABLESAMPLE 是根据随机数选取样本记录，所得到的结果可以认为是原始数据集的一个随机样本，同时，由于抽样过程中需要对整个数据集进行随机或者顺序扫描，所以 TABLESAMPLE 生成的随机样本是与数据的存储顺序无关的。与 TABLESAMPLE 不同，LIMIT 返回的结果并不是一个完全随机的样本，而是与数据的存储顺序有关的。为了更清楚地说明此问题，考虑如下两个结构相同的数据库表。

- T_1：在插入数据之前，将数据随机打乱，即表中的数据顺序是随机的。
- T_2：数据内容和 T_1 完全相同，不同的是在插入时将数据按照其经纬度坐标从东向西排序，即表中数据是按经纬度排好序的。

假设对于两个数据表都建有反向索引，且反向索引中每个单词所对应的记录的顺序与数据的插入顺序相同。对于同一个 LIMIT 查询，如果在 T_1 上执行，则查询结果可以被视为整个数据集上的一个随机的结果。但是，如果在 T_2 上执行，那么返回的查询结果就会是从东向西的。如图 5-6 所示，对同一个 LIMIT 查询（$k = 10\ 000$），在两个插入顺序不同的数据表上得到的可视化图像的结果是完全不同的。在 T_1 上，查询结果随机地分布在整个北美地区；但是在 T_2 上，结果仅覆盖了东部地区，如果继续增大 k 值，那么可以看到记录会逐渐地向西海岸覆盖。虽然两个图像中数据点的数量相同（都等于 k），但是由于纽约和芝加哥这样的大城市的重叠情况非常严重，所以并没有得到与 T_1 同样的效果。显然，在 T_2 上生成的图像的近似度更高一些。

对于以上这两种情况，一种解决途径是通过增加 ORDER BY 语句来保证返回结果的一致性，但是 ORDER BY 操作会严重影响数据库性能。主要有两个原因：1）增加的排序操作非常耗时；2）排序操作会导致 LIMIT k 在执行计划中无法被下推。如图 5-7 所示，添加 ORDER BY 之后，查询引擎必须首先获取到所有查询结果并且对结果完成排序之后再返回 k 个记录。由于添加 ORDER BY 之后查询引擎需要首先获取全部记录，然后进行排序，因为这两者的时间代价都非常高，甚至会远远高于 LIMIT k 查询的执行时间。而仅有 LIMIT 的情况下，由于不需要读取全部记录，所以其响应时间是随着 k 变大而变长的，相比添加 ORDER BY 要更加高效。

(a)在 T_1 上的执行结果　　　　　(b)在 T_2 上的执行结果

图 5-6　同一 LIMIT 查询在两个数据表上的执行结果

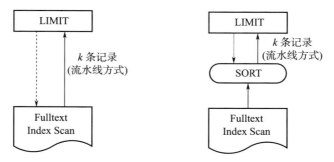

图 5-7　LIMIT 和 LIMIT+ORDER BY 执行计划对比

5.1.3.3　对 SQL 查询计划的影响

在增加两个关键字之后，会对原始的 SQL 查询计划有影响，本节分别对这两个关键字进行分析。

包含 TABLESAMPLE 的 SQL 执行计划。TABLESAMPLE 在执行中优先级较高，无论哪种抽样方式，其执行顺序都在其他查询条件之前。以 PostgreSQL 数据库为例，查询推特数据中发送地点为 California 的查询，使用系统提供的计划查看方式"explain"，可以看到其执行计

划为

```
postgres=# explain select coordinate from tweets
where State= ´California´;
                      QUERY PLAN
------------------------------------------------------
    Index  Scan  using  idx_tweets_state  on  tweets
(cost=0.57..8.59 rows=1 width=16)
    --Index Cond: (State = ´California´::text)
```

由于对 state 属性建立了索引 idx_tweets_state，所以查询引擎使用索引扫描的方式：Index Scan，能够快速查找到所有满足查询条件的记录。当使用了 TABLESAMPLE 关键字时，SQL 查询的执行计划更改为

```
postgres=# explain select coordinate from tweets
tablesample system(10) where State=´California´;
                      QUERY PLAN
------------------------------------------------------
    Sample  Scan  on  tweets  (cost=0.00..1749278.19
rows=1 width=16)
    --Sampling: system (´10´::real)
    --Filter: (State = ´California´::text)
```

可以看到其执行计划是先通过基于文件块的抽样方式抽取大约 10% 文件块（Sampling: system ('10'::real)），然后将抽取的文件块中所有的记录按照查询条件（即 State='California'）进行过滤，保留符合查询条件的记录。对于 State='California' 这样的查询条件，由于只对字段进行比较，所以其执行速度较快，如果将 State 属性视作类别属性，则该查询为类别查询，如表 5-2 所示。但是，对于关键字查询情况，如

CONTAINS (Content, 'hurricane')[1]，则系统需要对 Content 内容先进行分词，然后再逐个匹配是否包含 'hurricane' 关键字，所以速度会非常慢。如表 5-1 中，同样为对原始数据表采用 10% 的抽样概率，关键字查询需要 289s，而分类查询只需要 73s。由于系统对关键字的比对时间太长，不同关键字的数量差距导致的查询时间差距已经可以被忽略了，所以不同关键字词所用时间都是 289s。

表 5-2　执行分类查询时 TABLESAMPLE 的效率

州	抽样概率 /%	执行时间 /s
California	5	36
	10	73
Nevada	5	36
	10	73
Texas	5	36
	10	73

包含 LIMIT 的 SQL 执行计划。与 TABLESAMPLE 相比，LIMIT 的执行过程较为简单，几乎所有数据库产品中都采用流水线（Pipeline）方式来执行，即按照查询条件中的条件读取记录，同时记录已获取到的记录的数量，当达到指定数量（k）或者读取完全部记录时终止执行，并立刻返回查询结果。例如，上述查询的执行计划为

```
postgres=# explain select coordinate from tweets where
to_tsvector('english',text)@@to_tsquery('english','fortnite') limit 5000;
                                QUERY PLAN
--------------------------------------------------------------------------------
 Limit  (cost=1514.95..1901.07 rows=5000 width=16)
   ->  Bitmap Heap Scan on tweets  (cost=1514.95..246117.46 rows=63349 width=16)
         Recheck Cond: (to_tsvector('english'::regconfig, text) @@ '''fortnit'''::tsquery)
         ->  Bitmap Index Scan on t_idx_txt  (cost=0.00..1499.11 rows=63349 width=0)
               Index Cond: (to_tsvector('english'::regconfig, text) @@ '''fortnit'''::tsquery)
```

其中第二行为 PostgreSQL 中对关键字搜索的语法要求，其功能与 CONTAINS(text, 'fortnite') 函数相同。相比之下，LIMIT 关键字的添加并没有更改原有的查询计划，即 LIMIT 的优先级非常低。查询引擎

---

[1] 该函数功能为查找 Content 属性中是否包含 hurricane 关键字。对于关键字查询，不同的数据库系统中有不同的函数或者符号，此处仅以该函数做示例说明。

会以流水线模式对反向索引进行扫描，每扫描一条记录就会对 LIMIT 指定的值进行判断，是否已经达到 LIMIT 的要求，根据判断结果决定是否继续扫描。图 5-7 显示了 LIMIT 以流水线方式执行的过程。从 LIMIT 的执行过程可以得到两个信息：

1）LIMIT 语句的添加并不会更改原有的查询计划。图 5-7 对关键字查询时用到了反向索引，在增加 LIMIT 关键字后查询引擎依然会使用反向索引，并不会因为 LIMIT 的增加而更改其执行计划。这一点与 TABLESAMPLE 不同，在 TABLESAMPLE 中，由于抽样函数的存在，会使查询引擎放弃使用索引，导致查询性能下降。

2）查询引擎在扫描到指定数量的记录之后会立刻返回。

以上也是表 5-1 中 LIMIT 和 TABLESAMPLE 性能差距的另一个重要原因。LIMIT 的这个特性使得 LIMIT 查询比原始查询更加高效，能够极大地缩短响应时间，这也是本书对 LIMIT 进行研究建模的重要因素之一。

从上述三个方面的讨论和比较可以看出，通过 LIMIT 查询生成满足给定 τ 的近似图像，就必须考虑查询计划、数据记录的存储顺序以及索引等条件来决定 k 的大小。

5.1.3.4　TABLESAMPLE 和 LIMIT 的使用场景

综合以上对比分析，TABLESAMPLE 和 LIMIT 优缺点比较如表 5-3 所示。

表 5-3　TABLESAMPLE 和 LIMIT 优缺点比较

SQL 关键字	优点	缺点
TABLESAMPLE	不受数据存储顺序影响	需全表扫描，效率低；影响查询计划，无法和索引共用
LIMIT	无需全表扫描，效率高；不影响查询计划，可以和索引共用	受数据存储顺序影响

根据两者的优缺点，可以得到在不同场景下二者的性能情况，如表 5-4 所示。当生成同样大小的子集时，LIMIT 的效率要远比

TABLESAMPLE 更高，因为 LIMIT 不需要对全表进行扫描。当生成同样近似度的图像时，需要分情况讨论。在数据是随机存储的情况下，因为 LIMIT 的结果可以等同于随机样本，即与 TABLESAMPLE 相同，所需要的子集大小也基本相同，所以仍然是 LIMIT 效率更高；当数据为偏序存储的情况下，则因为 LIMIT 返回的结果是有顺序的，所以需要比 TABLESAMPLE 更多的数据记录才能生成同样近似度的图像，但是由于 TABLESAMPLE 不能利用索引而比 LIMIT 更慢，而分类查询速度比关键字查询更快，所以当查询为分类查询时，LIMIT 的效率更低，当查询为关键字查询时，LIMIT 效率更高。

表 5-4　TABLESAMPLE 和 LIMIT 在不同条件下的性能比较

同样大小的子集			LIMIT >TABLESAMPLE
同样近似度的图像	随机数据		LIMIT >TABLESAMPLE
	偏序数据	分类查询	LIMIT <TABLESAMPLE
		关键字查询	LIMIT >TABLESAMPLE

　　根据以上分析，在对查询进行响应时，需要根据查询的类型和数据集的存储顺序选择合适的方式。虽然在本书中使用的数据集均为随机存储的，但是仍然需要考虑偏序存储的情况，在实际使用中，可以采取发送测试查询的方式获取不同种类的查询效率以及数据集的存储方式，然后自动选择效率高的查询重写方式。

　　为了使阐述更加清晰简单，本书先假定使用 TABLESAMPLE 处理分类数据，使用 LIMIT 处理关键字数据。需注意的是，在实际应用场景中，LIMIT 既可用于分类查询又可用于关键字查询，只有在非常特殊的情况下，才会使用 TABLESAMPLE，如表 5-4 所示。

5.2　模型建立

5.2.1　以 TABLESAMPLE 为基础的 rQ- 模型

　　对不同的类别，通过对抽样函数使用不同的抽样概率，可以得到不同大小的样本，然后计算样本生成的可视化图像的近似度，就可以得到抽样概率和近似度之间的关系曲线，即 rQ- 曲线。

图 5-8 显示了 Uber 的订单数据中出租车公司的 rQ- 曲线。在该数据集中，每条记录包含了该订单的上车地点及提供服务的公司的代码。由于公司的数量是非常有限的，所以在实际的可视化查询中，可以将公司代码作为分类的数据。该图从数据集中随机选择了 4 个公司（代码为 B02512、B02764、B02617、B02682）作为例子，针对每个公司，分别发出多个抽样查询（抽样概率从 10% 至 90%），然后计算由返回样本生成的可视化图像的近似度，得到对应的 rQ- 曲线。针对该曲线，然后可以利用包括曲线拟合、最小二乘法及三次样条插值等算法在内的多种方式将结果集中相邻的数据点连接，生成最终的 rQ- 模型。

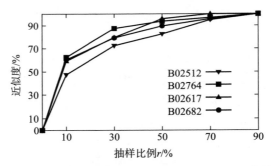

图 5-8   Uber 数据中出租车公司的 rQ- 曲线

在离线建立模型中，NSAV 为每一个分类建立对应的 rQ- 模型，当接收到可视化查询的时候，系统可以通过选择对应的 rQ- 模型，计算得到满足查询要求近似度的可视化图像对应的抽样参数 r，然后将重写后的查询发送至数据库。例如，通过计算，当抽样概率为 50% 的时候，所得样本能够提供近似度为 85% 近似图像，则生成的 SQL 为：

```
SELECT Point
From Uber
TABLESAMPLE SYSTEM(50)
WHERE Company='B02512';
```

5.2.2　以 LIMIT 为基础的 kQ- 模型

与 TABLESAMPLE 类似，对 LIMIT 建立模型时可以采用更改 k 值大小的方式，从数据库中获取不同大小的子集，然后为每个分类或者关键字生成不同近似度的图像，生成与 rQ- 曲线类似的 kQ- 曲线。算法 6 显示了为关键字 w 生成 kQ- 曲线的过程。

首先，通过向数据库发出查询请求 R_w，获取数据表 T 中所有包含该关键字的记录 $R_w(T)$，并且用此结果来生成可视化图像 $V(R_w(T))$ 作为原始图像（第 3 行）。然后对于任意的 $k \leqslant$ frequency(w)（w 在 T 中出现的频率），可以通过为 $R_w(T)$ 添加 LIMIT k 来构造对应的 LIMIT 查询 $R_{w_k}(T)$，并获取相应的 k 条记录（第 5 行），然后用这 k 条记录来生成近似可视化图像（第 6 行），接着用相似度测量函数 F 来衡量近似图像和原始图像的相似度 Q，并且将 $<k,Q>$ 添加到结果集 ϕ 中。迭代完成之后，可以利用与 rQ- 模型类似的曲线拟合算法，生成对应的 kQ- 曲线。

算法 6：为关键字 w 计算 kQ- 曲线

Input: keyword w

Output: kQ-curve for w

　1 Result $\phi = \phi$;

　2 Compute $R_w(T)$ as the records in T containing w;

　3 Compute original visualization $V(R_w(T))$;

　4 for $k \leqslant$ frequency *of w in table T* do

　5 　Compute answers $R_{w_k}(T)$ to the LIMIT query R_{w_k} ;

　6 　Generate approximate visualization $V(R_{w_k}(T))$ using $R_{w_k}(T)$;

　7 　Compute similarity $Q = F(V(R_{w_k},T));V(R_w(T))$;

　8 　Add (k,Q) to the result set ϕ ;

　9 end

　10 Use ϕ to generate a kQ-Curve;

当接收到包含关键字 w 及近似度要求 τ 可视化查询请求的时候，NSAV 通过访问该关键字对应的 rQ- 曲线，计算能够满足近似度要求 τ 所对应的 k 值，然后生成对应的 LIMIT 查询。

在此基本算法中，如果对同一 LIMIK 查询 R_{w_i} 运行多次得到不同的结果（如 5.1.2 节中描述的多线程的情况），那么可以通过多次运行算法 6，得到该关键字的多个 kQ- 曲线，进而利用后面 5.3.4 节描述的方法为这些曲线生成对应的 kQ- 模型。在响应可视化请求时，可以通过这个模型和要求的可信度 p 来计算满足可视化需求的 k 值。

与分类数据不同，由于数据集中关键字非常多，为每个关键字存储一条曲线需要海量的存储空间。同时，由于数据集非常大，为每个关键字执行若干 LIMIT 查询需要消耗大量时间，在 5.3 节中，讨论对 kQ- 模型的优化方法。

5.3　kQ- 模型优化

本节给出一系列优化措施，加快对 LIMIT 查询建立模型的速度，包括对低频关键字的处理以及对 kQ- 曲线的聚类等等。

5.3.1　丢弃低频关键字

在查询引擎使用反向索引处理关键字查询时，对于低频关键字来说，由于在反向索引中其包含的节点非常少，所以查询引擎可以通过反向索引在很短的时间内将包含该关键字的全部数据取出，进而生成完整的原始图像。所以，实际查询中，不需要为低频词建立 kQ- 模型。在实际建模过程中，可以设定一个阈值 K，只有当关键字的出现频率大于 K 时，才计算其 kQ- 曲线。

阈值 K 的大小可以通过对数据库发出一些测试查询来确定，即通过记录查询的响应时间和查询所得到的结果的大小而得出阈值 K。例如，在实验中，在包含一亿条推特的数据集中，有超过 1 亿 7 千万个关键字，当查询结果的大小超过 40 000 的时候，响应时间就会超过 2s。所以如果想要在 2s 内生成可视化图像，就只需要对出现频率超过 40 000

的关键字进行计算，生成 kQ- 曲线和模型。在这个数据集中，频率超过 40 000 的仅有约 10 000 个关键字。

5.3.2　减少 LIMIT 查询数量

在为每个关键字生成 kQ- 曲线时，需要使用若干 LIMIT 查询。例如固定 k 的起始数值，使用一个步长对其进行累加，得到一组 k 值，然后利用这一组值构造相应的若干 LIMIT 查询。

可以利用数据库中 LIMIT 查询的行为特性来避免发送若干 LIMIT 查询。例如，对于关键字"fortnite"，如果查询计划能够在 k 值变化的时候保持如图 5-4 所示的样子不变，那么对于任意两个整数 $k_1 \leqslant k_2 \leqslant$ frequency（'fortnite'），则 k_1 和 k_2 的 LIMIT 查询结果 $R_{w_{k_1}}$ 和 $R_{w_{k_2}}$ 满足：$R_{w_{k_1}} \subseteq R_{w_{k_2}}$，其中 frequency（'fortnite'）是该关键字在数据表中的出现频率。这种情况下，只需要发出一个查询请求，将包含该关键字的所有记录全部取出存放在内存中以列表方式存储，则 LIMIT k 查询所对应的结果就是列表的前 k 个记录。这样，就可以在内存列表中快速获取相应的记录而不必向数据库发送真正的查询。这种方式下，对每个关键字，仅需发送 k 值最大的一个 LIMIT 查询，其他 LIMIT 查询可以重复利用该查询的结果，因此可以大幅提高模型的创建速度。

5.3.3　增量方式绘制可视化图像

针对散点图这种可视化图像的特殊生成方式以及相似度函数的计算方式，在生成可视化图像时可以通过增量的方式进行绘制，而不需要针对不同的 k 值每次都全部重新绘制。

例如，对两个 LIMIT 值 $k_1 \leqslant k_2$，假设已经为 $R_{w_{k_1}}(R)$ 生成了对应的图像 $V(R_{w_{k_1}}(T))$，则在为 $R_{w_{k_2}}(T)$ 生成图像时，仅需要在 $V(R_{w_{k_1}}(T))$ 的基础上为新增的 $k_2 - k_1$ 个数据记录进行绘制就可以得到 $V(R_{w_{k_2}}(T))$。如果相似度函数使用 Jaccard，那么在计算的时候可以保留每个 LIMIT 查询的结果，然后再为新的 LIMIT 查询生成图像的时候，仅需要为新增的记录更新其所对应的可视化结果。

5.3.4　使用样本 kQ- 曲线及聚类

由于许多关键字的曲线形状是非常接近甚至相同的，所以可以使用聚类方式将关键字聚类，然后从每个类别中随机选择部分关键字，为其生成 kQ- 曲线，以进一步减少发出 LIMIT 查询的数量，加快模型建立速度。

从语义方面对关键字聚类是人工智能尤其 NLP 领域的热点问题，而由于此处聚类的目的是为了将 kQ- 曲线相近的关键字聚集在一起，所以本书中的聚类依据为 kQ- 曲线之间的相似度，以曲线之间的距离为测量依据，生成若干个曲线聚类。常见的聚类算法都可以用来对其进行聚类，例如 k-means[145], DB-SCAN[146] 以及最大期望（EM，Expectation Maximization）[147] 等。

在聚类过程中，使用的是样本 kQ- 曲线，样本曲线是通过在原始数据表的样本表上进行 LIMIT 查询得到的。样本的大小可以根据数据表的大小来确定，例如原始数据表的 10%。样本越大，所得到的聚类结果越接近于原始数据表的结果，但同时所需要的建模时间也就越长。为了确定 LIMIT 查询在样本和原始数据表上的执行计划是一致的，可以选取与在原始数据表中的顺序一致的记录来进行建模。例如，可以使用前文中描述过的 TABLESAMPLE 抽样方式对原始数据表进行取样。

对样本曲线聚类之后，可以使用随机抽样的方式，从每个聚类中抽取部分关键字，然后对这些关键字使用原始数据表生成其对应的最终 kQ- 曲线，然后使用如下方式生成该类的 kQ- 模型。

对每一个近似度要求 τ，可以在对应的坐标中画一条水平直线（$y=\tau$），此直线与该聚类中的所有曲线（kQ- 曲线）形成一系列交叉点，这些交叉点为这些曲线所代表的关键字达到近似度要求 τ 所需的 k 值。如图 5-9 所示，可以为这些交叉点的分布建立模型来表示近似度 τ 和对应聚类中关键字的 k 值之间的关系：

$$k = \hat{F}(\tau) + \hat{\in}$$

不同的数据集，这些交叉点的分布方式也不尽相同，对应有不同的模型来描述，例如可以用柱状图或者高斯分布模型来描述。图 5-9 中为 Twitter 数据集的结果，可以看到其分布符合高斯分布，所以在这个例子中采用高斯模型来表示，即 $k - N(\mu, \sigma^2)$。

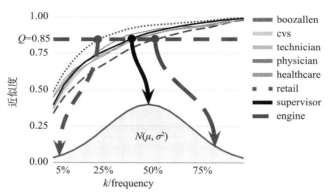

图 5-9　由 kQ- 曲线生成 kQ- 模型（见彩插）

5.3.5　优化算法

把这些优化方法集中到一起，得到如下优化算法来离线生成 kQ- 模型，图 5-10 显示了算法的基本流程。首先，利用数据库内置随机抽样方法来生成原始数据表的样本 T_s（①），并且设定频率阈值（频率大于 K），筛取所有高频关键字（②），然后使用样本数据表为所有高频关键字生成对应的样本 kQ- 曲线（③）。以样本 kQ- 曲线为基础，生成若干个曲线聚类（④），然后针对每一个曲线聚类，随机选取若干关键字（⑤5），再对选中的这些关键字，从原始数据集中获取其全部数据记录，然后生成标准的 kQ- 曲线（⑥）。最后，利用这些标准的 kQ- 曲线生成标准 kQ- 模型（⑦）。

在这个优化算法中，本书的假设是在样本中的聚类结果和在原始数据集中的聚类结果是一致的，所以可以通过对样本的 kQ- 曲线先进行聚类。但是，由样本生成的 kQ- 曲线与原始数据的 kQ- 曲线是不一致的，所以为了得到原始数据集中的 kQ- 曲线并生成 kQ- 模型，就必须从原始数据集中获取结果，即第⑥步。这样，算法通过丢弃低频关键字、对原始数据集进行抽样和增量模式绘制图像等优化方法，大大减少了生成曲线的时间。进一步，通过对关键字进行取样，减少了生成标准曲线和 kQ- 模型的时间。通过这些优化方式，算法可以将离线的建模过程缩减到分钟级，方便后续对模型进行更新和维护。

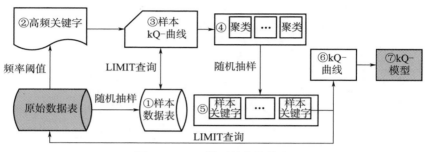

图 5-10　kQ- 模型的优化算法

5.4　离线样本

在利用 LIMIT 查询响应可视化请求的模型中，当生成用户指定近似度 τ 的图像时，在某些情况下 k 值会变得非常大，主要原因有：

（1）LIMIT 结果依赖于数据的存储顺序

例如在图 5-6 所示的查询计划中，对于按坐标顺序由东向西插入的数据集 T_2，使用 LIMIT 查询获取数据，实际上获取到的 k 条记录是由东向西的。在这种情况下，要达到需要的近似度要求，k 就会变得很大，从而相应的 LIMIT 查询的响应时间会变得很长。

（2）关键字频率过高

即使在数据完全随机插入的情况下，对于那些非常高频的关键字，k 值过大的情况仍然存在。例如在实验中，在数据集有 1 亿条记录的情况下，关键字"rain"出现次数超过 100 万次，为了生成近似度不低于 85% 的可视化图像，LIMIT 查询需要读取超过 78 万条数据，响应时间超过 15s，并且返回给前端的查询结果大小超过 20MB。对于那些分布比较集中的关键字来说，这种情况更加严重，例如"boston"，包含这个词的记录大多数都分布在波士顿市区，所以为了获取高近似度的图像，k 值同样需要非常大才能够获取到足够的数据以绘制波士顿以外区域的数据点。

由于无法对原始数据表和数据库引擎的查询计划做出更改，所以仅通过无法更改的返回结果，很难大幅提高响应速度。但是，如果可以生成样本，则对样本中的数据就有完全的控制权力，可以使用任何方式生成样本以进一步提高响应速度。

5.4.1　利用两个数据表生成可视化图像

两个数据表是指原始数据表 T 和按照一定的规则生成子集对应的数据表 T_s（即离线样本）。当接收到对关键字 w 的可视化请求时，NSAV首先访问离线样本 T_s，获取其中包含该关键字的全部数据，然后利用 LIMIT 查询访问原始数据集。与不包含访问 T_s 的 LIMIT 查询相比，此时的 k 值更小。最后 NSAV 将对两个数据表的查询结果进行合并，作为最终结果返回给前端进行显示。

如图 5-11 所示，如果没有离线样本，假设系统需要获取的原始数据表中的记录数量为 $k_{original}$，在有离线样本的情况下，仅需要从原始数据集中获取 k_{sample} 条记录，从 Ts 中获取 f_{sample} 条记录，并且 $k_{sample} + f_{sample} << k_{original}$。例如，对关键字"fortnite"的可视化请求可以被转换为如下SQL 查询：

```
(SELECT Id, Coordinates
FROM Tweets
WHERE CONTAINS(Content, 'fortnite')
LIMIT k_sample)
UNION
(SELECT Id, Coordinates
FROM SampleTweets
WHERE CONTAINS(Content, 'fortnite'));
```

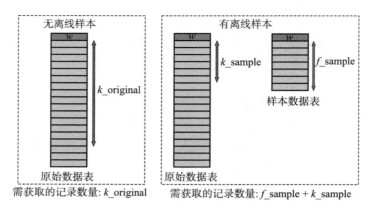

图 5-11　利用离线样本减小 k 值大小

　　在此查询中，SampleTweets 为从 Tweets 数据表中提取离线样本生成的数据表。在增加离线样本之后，可以对基本算法 6 进行微小的修改，即只需要对其中的生成 kQ- 曲线的部分修改。在离线生成 kQ- 曲线时，对每一个 k 值，可以使用 LIMIT 查询和对离线样本查询的并集来计算其近似度，包括生成 kQ- 模型在内的其余部分均无须改动。

　　需要注意的是，在有离线样本的情况下，事实上 NSAV 是发送了两个查询到不同的数据表。与原始数据表相比，由于样本数据表的大小非常小，数据库可以利用缓存等技术对其进行非常高效的查询和搜索，所以针对样本表的查询会非常快速。除此之外，由于可以对离线样本的内容和存储方式能够非常精确的控制，所以可以通过一些特殊的方式来构造离线样本，使得 $k_{sample} + f_{sample}$ 的值远小于 $k_{original}$。在这种情况下，即使有两个查询，但是由于其响应时间都非常短，所以整体的响应时间仍然能够被极大地缩短。

　　在实验中，一个包含 2 亿条记录的数据表，占用空间大约为 37GB，其反向索引的大小大约为 22.8GB。本书通过特殊抽样方式所构造的离线样本大约包含 6 百万条记录，加上反向索引，一共大约占用 1.9GB 的空间。对于高频关键字 "traffic"，其在原始数据表中的出现频率 $f_{original}$ 大约为 2 百万，在离线样本中的频率 f_{sample} 约为 27 000。假设需要的图像近似度为 85%，则没有离线样本的情况下，需要从原始数据集获取的数据记录约为 110 万，响应时间为 13.9s；在有离线样本的情况下，对原始数据表的 LIMIT 查询的 k 值被缩减到 400 000，响应时间为 3.2s，对离线样本的查询时间为 1.1s。考虑到这两个查询能够并行执行，所以总体响应时间可以被进一步缩短。

5.4.2　随机样本

随机抽样是最简单的一种生成离线样本的方式，它通过随机的方式为原始数据集生成一个样本。其中随机的方式有很多种，例如可以通过前面提到过的 TABLESAMPLE 的方式，或者利用数据库内置的 Random() 函数。

```
SELECT *
FROM DataTable
WHERE Random()<sampling_probability;
```

其中，Random() 为数据库的内置产生随机数的函数，不同的数据库产品，其产生随机数的函数名称不尽相同。sampling_probability 为被抽样的概率，可以通过调整它的大小来控制离线样本的大小。随机抽样的一个局限是它在抽样过程中完全依靠随机数来确定记录是否被选中，并没有考虑到可视化的需求。例如，以 Twitter 数据集为例，在一些诸如纽约、洛杉矶、波士顿等大城市区域，其记录的数量和密度远远大于其他地区。如果采用完全随机的方式，则生成的样本中这些区域的记录数会非常多，而那些稀疏地区的记录可能会因为数据量太少而无法被随机样本选中。但是对大城市区域来说，由于数据点重合而导致更多的样本并不代表能够生成更高近似度的可视化图像。

如图 5-12 所示，最左边的两幅图像分别是原始图像中纽约地区（NY）和科罗拉多地区（CO）的原始图像（100%），中间两幅图像为近似度为 85% 的近似图像中两个地区的图像。但是，分别就两个地区来看，其图像近似度分别为 95% 和 30%，这是因为纽约地区的图像密度比较高，所以在 LIMIT 查询的结果中，纽约地区的记录更多，所以能够获得更高的图像近似度。同样的原因，如果采用随机抽样方式，在生成的离线样本中，纽约地区的数据记录数量也会远大于科罗拉多地区的数量，如图中右侧 k'_{NY} 和 k'_{CO} 所示，可见从随机生成的离线样本中增加的记录并没有对图像的近似度有明显的提高。

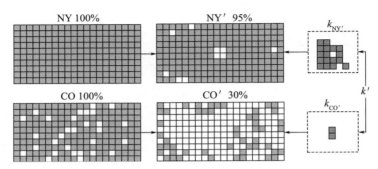

图 5-12　随机抽样的离线样本对近似可视化图像的影响

所以，根据数据分布的这个特性，更好的抽样方式应该是能够对那些低密度区域抽取更多的样本，即数据的地理位置不同，其被抽中的概率也不同。

5.4.3　数据密度敏感的分层抽样

5.4.3.1　基于空间的分层抽样

分层抽样是统计学中的一种抽样方式[148]，它根据数据的某一个或者多个属性值，将数据划分为不同的层（Stratum），然后为每个层采用不同的抽样概率。本书中，由于不同的空间位置区域的数据密度不同，所以采用基于空间的分层抽样方式能够提高样本的质量。基于空间的分层抽样即将可视化空间分为不同的层。根据前端显示的特点，本书将相邻的若干像素划分为一个层，例如相邻的 4×4 个像素，所有落在这些像素中的数据为同一个层，每一层按照不同的概率进行抽样。例如，如果可视化设备的分辨率为 $1\,920 \times 1\,080$，并且每个数据点占用 4×4 个像素，则可以将数据划分为 480×270 个层，然后根据每个层中数据的密度采用不同的抽样概率进行抽样，对低密度的层采用更高的抽样概率，以获得更多数据；反之，对高密度的层，减小抽样概率以减少数据量。

　　算法 7 显示基于空间的分层抽样的流程。假设需要从每层中抽取的记录数量为 n，首先，算法将可视化图像按照空间区域分层，记为集合 S，对其中的每一层 s，得到其中的数据记录数量 d 并计算其抽样概率 $r = n/d$，然后使用该概率对该层进行抽样，并将结果插入样本中。

算法 7：基于空间的分层抽样

　　Input: #record n for each stratum.

　　· Output: a sample.

1　Sample $\phi \leftarrow \phi$

2　Map visualization into strata S

3　for stratum $s \in S$ do

4　　｜　Density $d \leftarrow$ number of records $\in s$

5　　｜　Sampling ratio $r \leftarrow n / d$

6　　｜　Use r to sample all the records $\in s$

7　　｜　Insert them to Sample ϕ

8　end

9　return ϕ

5.4.3.2　避免数据重合

　　在上述抽样算法中，从每个层中抽取数据时，如果随机地的对该层内的所有数据按照同样的概率进行抽取，则根据 LIMIT 查询的行为特征，处于该层头部的一些数据在实际查询过程中可能被重复获取，即针对原始数据表的查询和针对离线样本的查询所得到的结果可能存在部分重合。为避免这些数据重合，可以对抽样 SQL 添加 OFFSET 关键字，从特定的位移处开始进行抽样，进一步提高离线样本的效率。

　　如图 5-13 所示，假设数据集中共有 n 条记录包含某个关键字，图中上部为反向索引中该关键字对应的数据记录的列表，右下为可视化图像划分的 5×7 个层。如果对反向索引中的所有记录添加其所在的层的标识，则可以按此标识对该列表进行分组，得到图 5-13 中左下的逻辑结构，即每个层中所对应的子列表 n_i，该子列表中的每个元素来源于反向索引列表，实际物理位置可能并不相邻。

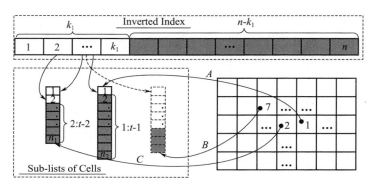

图 5-13　数据密度敏感的分层抽样

在实际的查询中，假设针对原始数据表的 LIMIT 查询对应的 k 值为 k_1，即查询引擎将图上部的反向索引中的前 k_1 个数据返回。假设这 k_1 条记录对应于图左下各子列表中的前 s_i 条记录。考虑在生成离线样本的过程中，针对每一个层，随机获取其部分记录，则位于子列表中的前 x_i 条记录中部分数据会被随机选中。又因为在实际查询中系统会获取离线记录中的全部包含该关键字的数据，则在生成离线样本中的 x_i 记录在最终的合并结果中是重复的。所以，为了避免这些重复，在生成离线样本的时候需要添加 OFFSET 关键字来避开头部的若干条记录。修改后的空间分层抽样算法如算法 8 所示。

与单纯的基于空间的抽样相比，此算法的核心变化在于在针对每个层进行抽样的时候增加了位移操作（OFFSET），即第 6 行中的 $|k_i'|$，位移的值由前面的 LIMIT 查询来确定，该 LIMIT 查询通过查询 k' 条记录，然后将其映射到每一个分层中，得到对应分层的位移的值。其中 k' 的大小由离线样本大小和在线 LIMIT 查询的大小大致确定。例如，在确定离线样本大小为原始数据集大小的 5% 之后，可以通过一些测试查询来得知包含该离线样本之后的 LIMIT 查询 k 值的缩减幅度，例如由关键字出现频率的 50% 缩减到 10%，则 k' 的值可以设定为原始数据集的 10%。

算法 8：数据密度敏感的空间分层抽样

　　Input: #record n for each stratum.

　　Output: a sample.

1　sample $\phi \leftarrow \phi$

2　$O \leftarrow$ LIMIT k' of original data.

3　Map O into strata S

4　for stratum $c \in S$ do

5　　$s = \max(0, n - \left| k'_i \right|)$

6　　Randomly fetch n records of c with offset $\left| k'_i \right|$

7　　Insert them to sample ϕ

8　end

9　return ϕ

5.5　模型扩展与维护

　　以上内容仅对单个查询属性进行了阐述，本节对多属性的复杂查询条件进行扩展，并给出了模型的维护更新方式。

5.5.1　复杂条件查询

　　多查询条件的复杂查询一直是可视化查询处理中的难点，尤其在支持 ad-hoc 查询及能够给予近似度保证的情况下。NSAV 核心思想是对离散属性中的每个类别或者关键字单独进行预处理，由于多条件的组合爆炸问题导致 NSAV 不可能对离散属性中的所有值的组合进行预处理，所以对多条件复杂查询的支持是 NSAV 的一个不足之处。

　　虽然不能像处理单条件查询一样高效，NSAV 仍然可以通过一些方法对多条件查询进行优化，在大部分条件下仍然可以大幅提高可视化系统的响应时间。本节以 kQ- 模型为例进行说明，rQ- 模型与此类似。

　　多条件复杂查询一般情况下是指以 OR 和 AND 连接的查询，或者模糊查询，本节分别对其处理方式进行说明。

AND 组合。假设复杂查询条件 $C = C_1$ and C_2 and $...C_n$，给定近似度阈值为 τ，则条件 C 对应的 LIMIT 查询中 k 值为

$$k = \max\{k_1, k_2, ..., k_n\} \tag{5-1}$$

其中 $k_1, k_2, ..., k_n$ 分别是为条件 $C_1, C_2, ..., C_n$ 中的单个子条件生成近似度为 τ 的可视化图像所需要的 k 值。

证明

对任意满足两个单调性属性条件的近似度函数 $\mathcal{F}$，k_x 和 k_y 为两个 k 值，且 $k_x < k_y$，V_{kx}, V_{ky} 为两个对应 LIMIT 查询生成的近似图像。

因为 $\mathcal{F}$ 满足子集增长单调性属性，所以 $\mathcal{F}(V_{kx}, V) < \mathcal{F}(V_{ky}, V)$；

又因为 $\forall k_i \in \{k_1, k_2, ..., k_n\}$，所以 $\mathcal{F}(V_{kx}, V) \geqslant \tau$。

可得 $\forall C_i \in \{C_1, C_2, ..., C_n\}$，有 $\mathcal{F}(V_{ki}, V) \geqslant \tau$。

即对任意子条件，k 都能使其近似度大于等于 τ，则可知 k 能使复杂查询条件 C 满足阈值 τ。

证毕。

OR 组合。假设复杂查询条件 $C = C_1$ or C_2 or $...C_n$，给定近似度阈值为 τ，则条件 C 对应的 LIMIT 查询中 k 值为

$$k = \sum_{i=1}^{n} k_i \tag{5-2}$$

证明过程和 AND 组合的证明类似，在此不再赘述。

由于 OR 组合的特殊性，使得 NSAV 必须采用过度供给（Over-providing）的方式尽量获取更多的数据记录来生成图像，以使图像能够满足近似度保证。由于对 k 值的累加可能会使得查询的响应时间超出交互式可视化的要求，所以对于 OR 组合的复杂查询条件，NSAV 并不能同时保证近似度需求及响应时间的需求。但是，根据现有常见的数据集和查询条件的分析，这种复合的查询条件，一般不会超过三个子条件；同时，多个子条件中同时为高频关键字的情况也非常少见。所以，k 值的上限是非常有限的。即在绝大多数情况下，NSAV 是能够满足交互式可视化查询需求的。

模糊查询。对关键字来讲，在大多数数据库产品中，模糊查询等同于 OR 组合，即查询引擎把满足模糊查询的关键字枚举出来，然后将包含这些关键字的记录全部返回，执行结果相当于把所有满足模糊查询条件的关键字使用 OR 进行组合。所以，对模糊查询的处理与 OR 组合查询相同，也需要采用过度供给的方式。

5.5.2　模型存储与维护

由于数据集并不是一成不变的，而是随时会有新的数据插入，或者原始数据被修改或者删除。那么随着数据集的变化，NSAV 根据已有的数据所建立的模型会变得不够准确。一种简单的方式是定期地通过离线的方式对模型进行重构，根据本章前面提出的各种优化算法，这种离线的模型重构的效率非常高，可以在数十分钟之内完成对包含 1 亿条记录的数据集进行模型构建。

5.6　实　验

本书使用实际的数据集做了大量的实验来验证 NSAV 模型的有效性和高效性，本节展示实验过程和实验结果。

5.6.1　实验数据和平台

实验的硬件平台与前述相同，本节主要说明实验的数据集的不同之处。所用的数据集如表 5-5 所示。由于本章主要是对离散型数据进行建模和处理，所以实验中使用了三个数据集：Twitter，Yelp 点评数据和 Uber 接乘数据。

表 5-5　NSAV 实验中使用的数据集

数据集	记录数量 /M	原始数据大小 /GB	数据库表格大小 /GB	索引大小 /GB
Tweet-Random	220	37	37	22.8
Tweet-Biased	220	37	37	20.68
Tweet-Hybrid	220	37	37	22.4
Yelp	6	3.7	3.8	0.72
Uber	4.5	0.2	0.26	0.1

1）Twitter。为了测试记录的不同存储顺序对模型和查询响应时间的影响，实验中将 Twitter 数据集采用了三种不同的数据存储方式，随机（Random），偏序（Biased）和混合（Hybrid）。随机的存储顺序为从 Twitter 公司获取到的记录的默认的顺序，即按照其空间位置，随机地写入到数据库中；偏序的存储顺序是首先按照数据记录的空间位置对其进行排序，然后按照从西海岸到东海岸的顺序插入到数据库中；混合的存储顺序是指混合以上两种方式的插入顺序。首先将整个空间划分为 10×10 个格子，然后将每个格子中的数据记录按空间进行排序，再随机地将格子进行排序，最后将全部记录插入到数据库中。实验中仅保留每条推特记录的 ID，发送时的坐标和内容。其中为推特的内容建立反向索引。

2）Yelp。Yelp 数据集是搜集到的用户对一些 POI 兴趣点的点评数据，主要是针对餐厅的点评内容，实验中仅保留其 ID、坐标和点评内容。其中为点评内容属性建立反向索引。

3）Uber。Uber 数据是纽约市的打车信息，实验中仅保留 ID，上车地点（坐标）和提供服务的公司代码。其中公司代码共有 6 个，作为分类属性处理，为其建立 B+ 树索引。

除上述索引外，在实验中还为每个数据集中的 ID 和坐标属性分别建立 B+ 树索引和 R 树索引。

5.6.2　图像近似度与 k 值

本节首先展示当 LIMIT 查询中 k 值增长时图像近似度的变化情况。对 Twitter 的数据集，实验中选取了四个关键字：Soccer，Columbia，Angel 和 Veteran，其频率分别为：12.4 万，49.8 万，104 万和 537 万。对每一个关键字 w，通过改变 LIMIT 查询中的 k 值，计算每个 k 值对应的近似图像的近似度。对 Twitter 的三个不同存储顺序的数据集，Random, Biased 和 Hybrid，实验中进行了同样的查询测试。实验结果如图 5-14 所示，其中 x 轴为 k/f，f 为关键字在数据表中的频率。

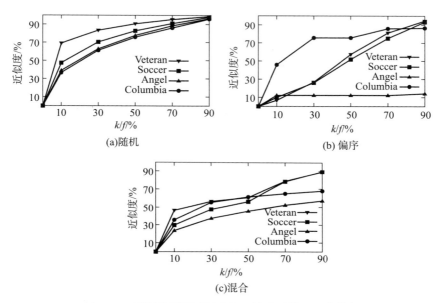

(a)随机

(b) 偏序

(c)混合

图 5-14　可视化图像近似度与 k 关系（即 kQ- 曲线）

从图 5-14 中可以看到，当 k/f 增大的时候，图像近似度也会随之增长。对于关键字 Columbia 来说，当 k/f 为 30% 的时候，图像近似度已经达到了 60%（在 Yelp 的数据集中，这个 kQ- 曲线上升的速度更快）。对于同一个 k/f 比例，关键字的频率越高，其对应的图像的近似度就越高。例如，当 k/f 为 70% 时，Columbia 的近似度为 80%，但是 Veteran 的近似度已经达到了 92%，因为 Veteran 的频率要比 Columbia 的频率更高。

对于偏序插入的 Twitter 数据集来说［图 5-14(b)］，关键字 Angel 的 kQ- 曲线增长的非常缓慢，其原因是大部分包含关键字 Angel 的记录都集中在西海岸洛杉矶附近（Los Angels），因为 PostgreSQL 将 Angels 解析为 Angel，而数据又是按照从西海岸向东海岸的顺序插入的，所以当 k 值增长的时候，系统其实是按照从西海岸向东海岸的顺序读取记录，所以需要将 k 增长到非常大才能够读取到超过西海岸的数据。在这之前，并没有中部或者东部的任何数据，这就导致图像的近似度并没有提高太多。从混合插入的数据集的结果看［图 5-14(c)］，这些关键字的 kQ- 曲线有类似的增长趋势。

Yelp 数据集。图 5-15(a) 显示了 Yelp 数据集中的 kQ- 曲线，在 Yelp 的数据集中，选择了 Buffet, Service, Chicken 和 Dessert 作为关键字，这些关键字都是和餐厅相关的。可以看到这些曲线的增长速率非常快，这是因为对于 6 百万数据的 Yelp 数据集来说，其中的数据点（餐厅位置）只有 18.8 万个，所以相对于 Twitter 数据集来说，因为点的数量更少，数据的重合情况更加严重，所以可以使用更小的 k 值得到更高的图像近似度。

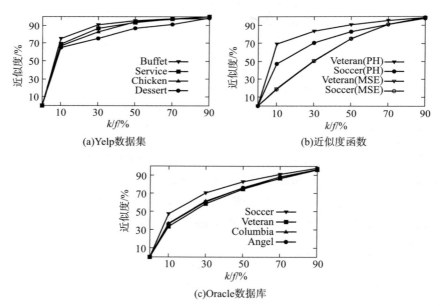

(a)Yelp数据集　　　(b)近似度函数

(c)Oracle数据库

图 5-15　不同数据集、近似度函数和数据库系统下的　kQ- 曲线

不同的图像近似度函数。接下来在实验中对比了两个不同的测量图像近似度的函数，感知哈希（Perceptual Hash）和均方差（MSE），数据集为 Twitter，结果如图 5-15(b) 所示。可以看到，随着 k/f 的增长，对两个函数来说，图像近似度都是随之增长的，因为两个近似度函数的计算

方式不同，所以增长的幅度也有差别。

不同的数据库。为了说明模型的独立性，实验中使用了不同的底层数据库做了同样的实验，图 5-15(c) 显示了使用 Oracle 数据库时的 kQ- 曲线。可以看到，曲线的形状与 PostgreSQL 中的类似。需要说明的是，由于不同的数据库对关键字的处理方式不同，所以导致某些关键字会有不同的曲线，例如在 Oracle 中，系统并没有将 Los Angels 中的 Angels 处理为 Angel，所以对于同一单词 Angel，两个数据库的曲线是不一样的。这是由数据库的特性决定的，与本书提出的 kQ- 模型无关。

5.6.3　聚类数量对 k 值的影响

在离线阶段，NSAV 在对 LIMIT 建立 rQ- 模型时增加了一个对关键字进行聚类的步骤，聚类的依据为针对所有关键字利用一个小数据集生成的 kQ- 曲线。在这一节中，通过实验评估了不同的聚类数量对 k 值的影响。在 Twitter 的数据集中，实验中选定要处理的关键字的频率下限为 50 000，即所有大于这个频率的关键字都会被利用模型来处理。针对这些关键字，使用优化算法，在 10% 的数据集样本上生成这些关键字的 kQ- 曲线，然后对这些 kQ- 曲线使用 k-means 算法进行聚类。通过调整聚类数量，生成不同的聚类结果。然后利用不同的聚类结果生成不同的 kQ- 模型，在在线响应查询阶段，设定图像近似度要求为 80%，置信区间为 95%。

图 5-16 显示了不同聚类数量对在线响应可视化查询时计算得出的 k 值的影响（蜡烛图）。显然，当聚类数量增加的时候，每个聚类中关键字的数量会下降，所以每个聚类中的关键字的 kQ- 曲线也更加接近。当聚类数量为 20 的时候，包含关键字 Soccer 的聚类中的关键字数量为 261，其中 k/f 的平均值为 59.381%，中位数为 59.375%，两个值是非常接近的。同时，第一和第三分位数分别为 59.375% 和 60.938%，也是非常接近的。

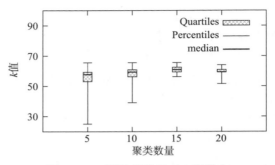

图 5-16　不同聚类数量对 k 的影响

5.6.4　离线样本创建时间

实验中还对比了两种不同的离线样本的生成方式，即随机抽样生成样本 Random Sampling (RS) 和数据密度敏感的分层抽样生成样本 Stratified Sampling (SS)。对每一种生成样本的方法，实验中设定样本大小为原始数据大小的 1%，3% 和 5%。对随机抽样的方式，使用 SQL 标准中基于记录的抽样方法，即 BERNOULLI 来随机生成样本数据。对于分层抽样方法，实验中设定图像分别率为 1 920×1 080，每个数据点为 4×4 个像素，即将图像划分为 480×270 个格子，然后针对每个格子进行随机抽样，并使用 OFFSET 关键字跳过头部记录。实验结果如图 5-17 所示，可以看到，随机抽样 RS 的时间远远小于分层抽样。原因是随机抽样可以只使用一个查询就完成抽样过程，而且由于 SQL 引擎本身支持这种抽样方式，所以可以非常高效地完成。但是，对于分层抽样来说，必须对每一个划分好的格子执行一个查询，而格子的数量与分辨率成正比，所以需要更多的时间来创建离线样本。

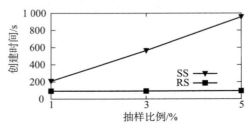

图 5-17　使用随机抽样 (RS) 和分层抽样 (SS) 生成离线样本的时间

5.6.5　离线样本对查询的影响

（1）不同离线样本生成方式

前面提到，NSAV 模型可以将不同方式生成的离线样本和模型整合到一起共同响应在线查询。为了评估不同离线类型的离线样本对查询的影响，实验中测试了三种方式生成的离线样本，分别为：随机生成的样本（RS，Random Sampling）、分层抽样生成的样本（SS，Stratified Sampling）和 VAS 生成的样本（VAS）。作为一个特例，在实验中同样考虑了未使用任何离线样本的情况。

图 5-18 显示了使用这些样本对 k 值的影响。实验中使用的数据集为 Twitter，图像近似度为 85%。图中"Original"对应的曲线为原始的可视化查询，未使用 LIMIT 关键字及任何离线样本；"LIMIT"曲线为仅使用了"LIMIT"关键字，k 为利用 kQ- 模型生成的 k 值，未使用任何离线样本；"LIMIT+VAS"为使用 LIMIT 查询和 VAS 生成的样本对应的曲线；"LIMIT+SS"为使用 LIMIT 查询和分层抽样的样本对应的曲线；"LIMIT+RS"为使用 LIMIT 查询和随机样本对应的曲线。

结果表明，使用分成抽样的离线样本的情况下，对 k 值的减少幅度最大。在响应时间上，对时间的减少幅度与对 k 值减少的幅度类似。

除此之外，需要说明的是，在离线样本生成的时候，VAS 的生成时间最长，达到了 4.9h，而分层抽样的方式仅需要 49s。所以，在后续的实验中，本书主要考虑分层抽样和随机抽样两种离线样本的生成方式。

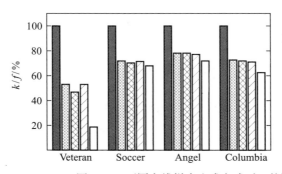

图 5-18　不同离线样本生成方式对 k 的影响

（2）不同数据存储顺序

前文的实验表明，不同的数据存储顺序对 kQ- 曲线有影响，本节通过实验来评估离线样本对不同数据存储顺序的影响。图 5-19 显示了实验结果，图中"f_sample"表示关键字在离线样本中的频率，"k_sample"表示在使用了离线样本的情况下 LIMIT 查询中的 k 值。如图 5-19 所示，可以看到对于关键字 Veteran，在随机顺序的数据集中，使用离线样本能够极大地降低 LIMIT 查询中的 k 值，也就是减少从原始数据表中获取到的数据的数量。在原始查询中，需要从数据表中获取 6 百万条数据，使用 rQ- 模型之后，通过计算，可以使用 LIMIT 查询，仅需要获取 160 万条数据，与原始数据相比，这极大地降低了结果大小，提高了查询响应时间。同时可以看到，使用随机样本并没有减小 k 值，而使用分层抽样的样本可以进一步降低 k 值。在其他两个存储顺序的数据集中，可以看到类似的结果。

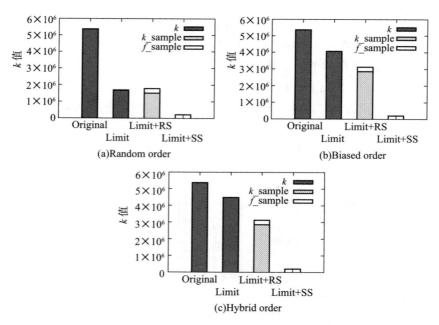

图 5-19　使用离线样本时对 k 值的影响（关键字：Veteran）

（3）不同数据库中的影响

图 5-20 显示了在 Oracle 数据库中使用离线样本对 k 值的影响。

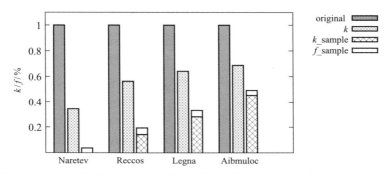

图 5-20 使用离线样本对 k 值的影响（图像近似度：85%，数据库：Oracle）

（4）对查询时间的影响

在实验中同样对查询的响应时间进行了测量，图 5-21 显示了使用不同离线样本时对查询时间的影响，关键字为 Veteran。可以看到，离

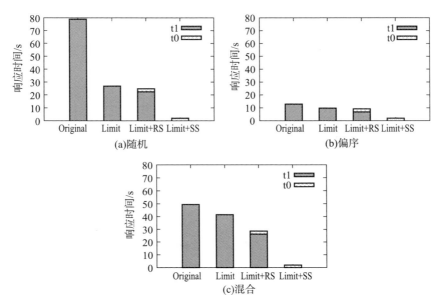

图 5.21 查询响应时间（关键字：Veteran）

线样本对时间的减少幅度与对 k 值的减小幅度类似，因为减小 k 值意味着减少了对磁盘的读写，即减少了响应时间。同样的，实验也对 Oracle 数据库中的查询响应时间进行了测量，结果如图 5-22 所示。

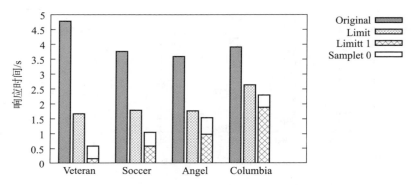

图 5-22　使用 Oracle 数据库生成近似度为 85% 的图像的执行时间

图 5-23 到图 5-25 显示了离线样本对关键字 Soccer, Angel 和 Columbia 的查询时间的影响。

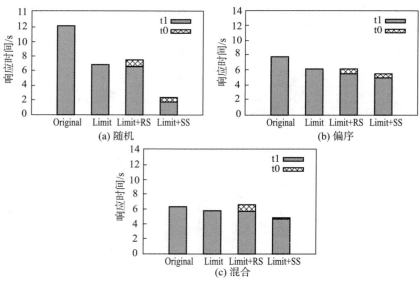

图 5-23　查询响应时间（关键字：　Soccer）

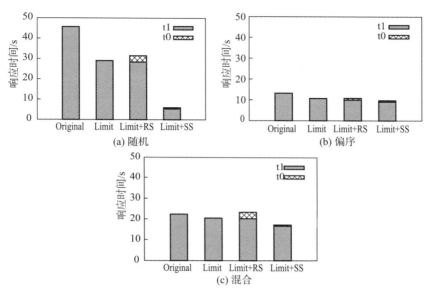

图 5-24　查询响应时间（关键字：Angel）

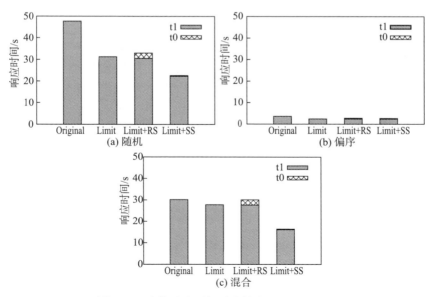

图 5-25　查询响应时间（关键字：Columbia）

（5）对查询结果（k 值）的影响

图 5-26 至图 5-28 显示了离线样本对 k 值的影响，关键字分别为 Soccer, Angel 和 Columbia。可以看到对关键字 Angel 的减少幅度并没有对 Veteran 减少的幅度那么大。一个主要原因是大量包含 Angel 的记录分布在西海岸。另一个原因是 Angel 的频率并不太高，所以离线样本对提高其图像近似度的贡献也非常有限。所以 k 值的减小幅度并不大。一个可行的解决方案是增大离线样本大小，这样能够从离线样本中获得足够多的包含 Angel 的记录，则 k 值的减小幅度会加大。

（6）样本大小对查询时间和 k 值的影响

图 5-29 显示了当样本大小变化时对在线查询的响应时间和 k 值的影响。对比的基准线是获取包含该关键字的所有记录的原始查询。可以看到，当样本数量增大时，对查询的响应时间和 k 值的降低都会变大。例如，对关键字 Soccer 来讲，当样本大小为 1% 时，对 k 的减小幅度是 49%；而当样本大小为 5% 时，对其降低的幅度达到了 81%。

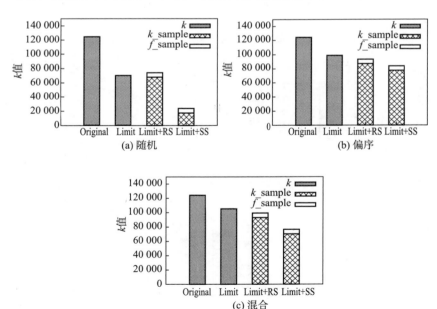

图 5-26　离线样本对 k 的影响（关键字：Soccer）

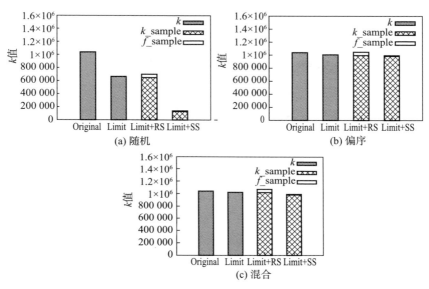

图 5-27　离线样本对 k 的影响（关键字：Angel）

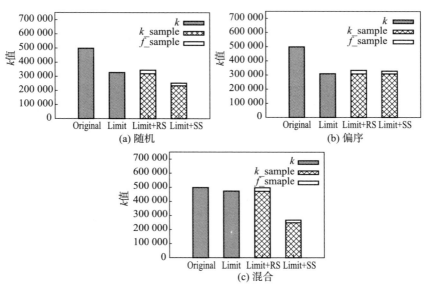

图 5-28　离线样本对 k 的影响（关键字：Columbia）

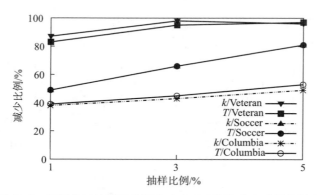

图 5-29　使用分层抽样时的样本大小对 k 值和响应时间的影响

5.6.6　扩展性

（1）模型创建时间

针对 Twitter 数据集，在实验中通过改变数据集的大小，测量了不同大小数据集下离线建立模型的时间，建立模型使用的是优化后的算法。时间包括针对样本发出查询的时间，使用结果建立 kQ- 曲线的时间，对 kQ- 曲线聚类的时间以及对随机选取的关键字生成 kQ- 模型的时间，生成模型时查询的数据为原始数据集。图 5-30 显示了实验结果。

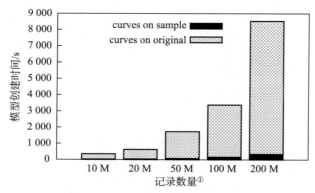

图 5-30　不同数据集大小下的模型创建时间

---

① 注：记录数量的"M"是 10^6 的意思。——编者注

图中的时间包括使用样本数据生成所有关键字的 kQ- 曲线的时间和使用样本关键字在原始数据上建立 kQ- 曲线的时间，由于其他步骤的时间非常短，可以忽略，所以此处仅显示了这两个步骤的时间。可以看到，相比样本数据表，原始数据表非常大，所以在原始数据表上查询样本关键字所花的时间占全部时间的绝大部分比例。所以，减少在原始数据表上的查询时间是降低离线模型建立时间的关键所在。

（2）在线查询的 k 值和响应时间

在实验中，使用了从一千万到 2 亿条数据不等的 5 个数据集，测试在不同数据集下的 k 值以及查询时间的减少幅度，查询的关键字为 Soccer 和 Veteran。对每一个不同大小的数据集，实验中设定离线样本的生成方式为分层抽样，样本大小为数据集的 5%，图像近似度为 85%。图 5-31 显示了不同大小数据集下的 k 值情况。可以看到，当数据集变大时，返回的数据结果大小也是随之线性增加（'Original'），这是因为数据集变大后，包含该关键字的记录的数量也是同样增多的。同时，可以看到，在没有使用离线样本的时候，计算出的 k 值也是随着数据集大小增大而增大的（'k'），但是增长的速度略慢于数据集的增长速度。相比之下，在使用离线样本之后，离线样本中的记录数（'f_sample'）和 k 值（'k_sample'）的和增长的非常缓慢。

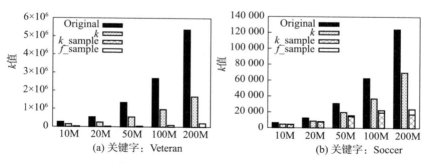

图 5-31　不同数据集大小下的 k 值对比

上述结果显示了 NSAV 模型具有一个非常好的特性，即 k 值（从原始数据表中获取的记录的数量）不会和数据集一样线性增长，而是以远低于线性的速度缓慢增长。这个结果的一个主要原因是用户所面对的显示前端的分辨率是有限的，当数据量增长的时候，NSAV 不需要获取和增长的数据记录同样多的数据来生成高近似度的近似图像。

图 5-32 显示了不同数据集大小下查询响应时间的变化，可以看到，响应时间的变化趋势与图 5-31 中 k 值的变化趋势非常接近，因为从数据库中获取的记录的数量大小对响应时间有决定性的影响。

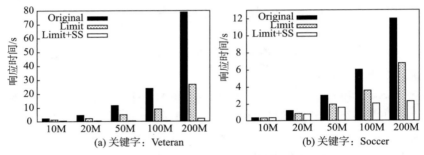

图 5-32　不同数据集大小下的查询响应时间对比

5.6.7　分类数据

本节使用 Uber 数据集对 TABLESAMPLE 生成的 rQ- 曲线进行验证，实验中将数据集中提供乘车服务的公司代码作为分类数据，选取了其中四个公司——B02512, B02617, B02682 和 B02764。图 5-33(a) 显示了使用不同抽样概率情况下的近似度变化曲线，可以看到 rQ- 曲线和 kQ- 曲线是非常类似的。图 5-33(b) 显示了获取到 85% 的图像近似度的情况下 k 的大小，其中 $k = r \times f$，r 为使用 TABLESAMPLE 的 SYSTEM 函数时抽样概率的值。

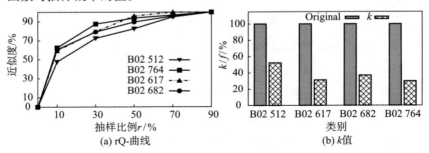

图 5-33　Uber 数据集中 rQ- 曲线和 k 值大小

实验结果表明，针对分类数据，rQ- 模型同样能够有效降低从原始数据表中获取的记录的数量，提高可视化查询的响应速度。

5.7　小结

本章对大规模空间数据可视化中针对离散型数据的查询进行了研究。利用数据库自带的抽样方法，TABLESAMPLE 和 LIMIT，分别对两种离散型数据——分类数据（Categorical）和文本数据（Text）——进行处理，降低了查询结果的大小，提高了查询响应时间，并且能够提供带有近似度保证的近似图像。同时，为了进一步提高查询效率，提出了使用数据密度敏感的分层抽样方式生成离线样本。将离线样本和在线模型整合到一起的时候，可以极大地缩短查询时间，减小查询结果。通过大量实验证明，本书提出的 NSAV 模型非常高效。

第6章　数据分区优化

　　本书1-5章所讨论的环境是单机数据库，但是由于数据规模的不断增长，目前主流的大数据管理系统均采用分布式架构。并且为了提高系统的可靠性，多数采用无共享（Shared-nothing）、多副本的方式提供服务。在分布式环境下，各个数据节点的行为和单机数据库并无区别，但是数据的分区方式对数据库的性能和存储有至关重要的影响。目前在多数分布式多副本的数据库系统中，各个副本的分区方案和索引方案等是完全一致的。但是在前面的实验数据集中，我们可以看到，对于反向索引等，其占用的空间非常大，特殊情况下索引的大小甚至会超过数据表的大小。因此我们的出发点就是考虑在不同的副本上建立不同的索引，然后将对应的查询发送到不同的副本上。为了进一步扩展这种副本异构的概念，我们提出了多方案共存的数据库物理分区设计（Multi-Plan Partitioning Design，MPPD）。本章将详细阐明这种设计方案。

6.1　数据分区概况

　　目前主流的分布式并行数据库主要采用无共享的架构方式。如图6-1所示，在这种架构环境中，数据被按照某种分区方案进行分区并分别存储在不同的节点上，每个节点是一台独立的服务器，可以独立响应查询请求，节点之间无共享内存或者磁盘，仅通过高速网络进行互联。因此，节点之间的通信和数据传输是完全通过网络进行的，受网络传输带宽及延迟等影响，相对来说网络传输的效率比单台服务器内部数据传输要慢。因此，为了提高系统性能，好的分区方案应该尽量减少节点之间的数据传输和通信。

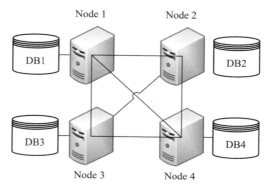

图 6-1 无共享分布式并行数据库架构

图 6-2 为传统数据分区的形式化定义。定义中 Q 为工作负载中的查询语句；f_Q 为 Q 在工作负载中的定义，在不同的应用场景中它可以有不同的含义，比如 Q 在工作负载中出现的次数；$\text{Cost}(Q,P)$ 为当该数据库采用分区方案 P 后完成查询 Q 所需要的代价，同样的，不同应用中代价也有所不同，比如包括但不限于响应时间、占用内存、传输数据量大小等。一般情况下，分区方案 P 包括若干分区函数，每个分区函数以数据表的一个或者多个属性列作为输入，输出每条记录所属的节点 ID。

给定一个数据库 D, 工作负载 W, 存储空间限制 S, 寻找一个分区方案 P, 使得 $\sum_{Q \in W} f_Q \cdot \text{Cost}(Q,P)$ 最小，并且该分区方案的存储空间不超过 S。

图 6-2 传统数据分区的形式化定义

数据分区是分布式数据库中的研究热点，许多研究人员对该问题提出过很多算法来试图寻找最优分区方案，但是目前为止，该问题还并没有一个完美的解决方案。

一方面，不同的查询请求对分区方案有不同的需求，并且这些分区方案有可能是相互矛盾的，所以一个"一刀切"（one-size-fits-all）的分区方案是多个局部最优方案的折中，并不能使系统性能达到最优。

　　另一方面，在实际的应用数据库系统中，为了提高系统的鲁棒性和可靠性，绝大多数系统都会将数据存储多个副本。例如微软的 SQL Azure 有 3 个完整的数据副本，亚马逊的 RDS（Relational Database Service）有 5 个 MySQL 的只读副本，Facebook 用来存储其社交图谱的 TAO 系统同样也有至少 3 个 MySQL 副本。但是，在当前的数据分区方案的设计中，所有的副本都是用同一分区方案进行组织的。这两个互相矛盾的问题值得我们对该问题进行深入研究。

　　在本章中，我们提出一个多方案并存的数据分区的设计方法，该方法利用分布式数据多副本的特性，使用不同的分区方案对不同的副本进行数据分区来提高系统性能。因此在此情形下，各个副本是异构的。异构副本会带来许多挑战，包括：什么类型的查询语句会导致互相矛盾的分区方案，如何对工作负载进行划分使得不同的自己对分区方案的需求是类似的，如何在副本异构的架构下高效地完成更新和插入操作等等。针对这些问题，本章提出的方案主要包括如下四个方面：

　　1）分析了不同查询语句对分区方案的需求产生矛盾的原因。分析表明，分区方案矛盾的产生主要包括两个原因，一是不同查询语句需要对同一数据表中的不同属性进行分区或者对同一属性采用不同的分区函数进行分区；二是对有外键互相关联的不同数据表的属性采用不同的分区方式。我们将其作为聚类问题来处理，并提出能够将产生相互矛盾分区方案需求的查询语句划分到不同聚类的算法。

　　2）提出了一种副本异构的数据分区方案。我们首先对工作负载进行聚类处理，然后利用工作负载驱动的自动生成分区方案的算法来为每一个工作负载聚类生成分区方案，接着将不同的副本用这些分区方案进行数据分区，最后将不同的查询语句路由到其对应的副本中。

　　3）提出了一种副本异构下的高效查询路由的方法。为了保证每一个查询能够在其最合适的副本下执行，我们通过增加一个三元组数据结构来修改路由策略。除此之外，对于 ad-hoc 查询和数据更新操作，我们也同样采用不同的路由策略来尽量减小对系统性能的影响。

　　4）针对提出的分区方案设计方法，我们做了大量的实验对比工作。实验结果表明，我们的方法比传统的单分区方案能够使系统性能提高 5 倍左右，并且能够极大地减少索引和存储空间的使用。

6.2 相关工作

数据分区是数据库领域的研究热点问题，研究人员提出了许多高效的方案。主要可以分为以下几个方面。

6.2.1 多分区方案设计

文献中提出的方法与我们的方法在思想上非常类似，但是，我们的方法至少在如下三个方面与其存在差异：

1）对工作负载处理及生成分区方案的流程不同。如图 6-3 所示，Divergent Design 在对工作负载的聚类过程中为每一个临时的聚类结果生成分区方案，即生成分区方案是聚类过程的一部分。而我们的方法中，在对工作负载的聚类中不考虑分区方案的生成，完全依赖于本书提出的查询之间的距离模型来对工作负载进行聚类。

2）生成分区方案的方式不同。他们将数据库的优化器视为黑盒（Black-Box），并且使用优化器来生成分区方案，在迭代中通过目标函数来对方案代价进行评估，直到满足某些终止条件。而在我们的方法中，我们首先对工作负载进行聚类处理，然后使用工作负载驱动的算法来搜索分区方案。

3）对更新操作的处理方式不同。在对工作负载进行聚类时，他们将更新操作复制到每一个聚类结果中，然后生成分区方案，这样由更新操作导致的分区方案的矛盾变得不可解决；在我们的方案中，使用更新自动补全（UAC）的方式来处理更新操作，所以不需要考虑更新操作产生的分区矛盾，最后的分区方案也更加高效。

Alekh Jindal 等人提出了 Trojan Layout。他们首先为每个数据块副本计算出对应的数据分布方式，然后在 HDFS 中生成这些数据块。这种将不同的副本按照不同的数据分布方式进行设计的思想与我们的方法非常类似。但是我们的方法与其最根本不同点在于 Trojan Layout 目的是解决文件系统中数据块的物理布局方式，如 HDFS，并以此来提高 Map-

Reduce 任务中 Map 阶段的读取数据的效率问题，而我们是要解决分布式数据中数据的分区问题。两个方法是同一个思想在不同层次上对数据管理系统进行的优化，Trojan Layout 更加靠近存储的底层。

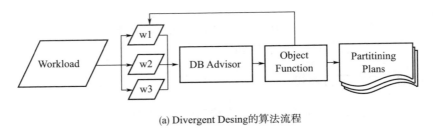

(a) Divergent Desing的算法流程

(b) MPPD的算法流程

图 6.3　　与 DivergentDesing 的算法流程对比

6.2.2　分区方案搜索

Adrew Pavlo 等提出来了将存储过程、二级索引以及对数据存储的空间倾斜参数等纳入到数据分区方案的生成过程中。在查询的实际执行过程中，这些因素的确会影响到查询的执行效率，所以这次参数的引入增大了分区方案的搜索空间，使得最优分区方案能够更加高效地对数据分区，提高系统的性能。除此之外，他们还引入数据倾斜敏感的代价模型，在本书提出的方法中也使用了这个模型。

Goasdoue 等提出了 ClinqueSqure 框架。该框架主要用来处理 RDF 数据，主要用于对 RDF 数据查询的处理优化上，典型应用场景为分布式环境下的连接操作。除此之外，还提出了一些列的优化算法来减少查询的响应时间。除了与我们的思想有相似之外，两个方法使用的工具和处理的对象都完全不同。

分支界限算法、遗传算法等常规的搜索算法都是针对待解决的问题构造解空间，使用各种搜索算法在解空间内搜索接近全局最优解的局部最优解。在本书中，所寻找的解就是分区方案，除了这些搜索算法，我们还可以使用一些方法来从头构造一个分区方案，Erfan 等人提出了利用最大支撑树来构造分区方案（Maximum Spanning Tree，MAST）。

该方法将数据表的表结构以及工作负载作为输入，然后分三步为每个数据表生成分区方案，如图 6-4 所示。

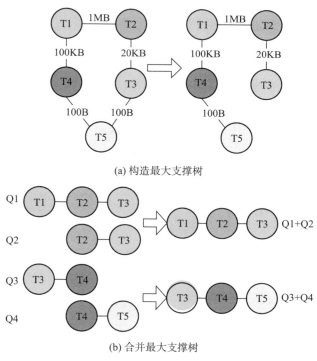

(a) 构造最大支撑树

(b) 合并最大支撑树

图 6-4　与 Divergent Desing 的算法流程对比

首先，根据访问模式为每个查询构造无向带权重的访问图，如图 6-4(a) 左侧所示，图中的每个节点是数据表，节点之间的边的名称为两个表之间进行等值连接（equi-join）的属性名称，其权重为连接操作时的代价，该代价可以是需要移动的数据的大小，如 T1 和 T2 进行连接操作时代价为 1MB。然后，根据生成的图构造最大支撑树。如图 6-4(a) 右侧所示，由图生成树有很多种算法，此处不再赘述。最后，利用相关的目标函数将最大支撑树进行合并。如图 6-4(b) 所示，Q1 和 Q2 的最大生成树合并为将 T2 节点合并，Q3 和 Q4 的最大生成树合并为将 T4 节点合并。

该方法对查询操作中的等值连接谓词非常敏感，同时这也是我们提出的距离模型中非常重要的一个考虑方面。但是其弱点是存在数据冗余，例如在最大支撑树的生成和合并中，会出现许多数据表的冗余，并且这些冗余是无法进行控制的。

6.2.3　数据分区中间件

AdaptDB 是分布式系统中数据分区中间件中研究较热的系统，该系统主要用来解决 ad-hoc 查询的问题，即本书 6.6.2 节中提出的新查询的情况。该系统通过动态地调整分区方案，使 ad-hoc 查询能够更加快速地响应。该系统的主要应用场景为动态查询（ad-hoc）比静态查询比例更高的情况。

除了以上提到的相关研究之外，其他研究人员还有许多非常优秀的研究成果，如 H-Store 和 SCOPE 等。本书与这些研究的最大不同在于对工作负载的处理上，绝大部分的相关研究中都将工作负载作为一个整体进行处理，并没有考虑到将多副本纳入到对分区方案的搜索范围内。

6.3　研究思路及方案概况

6.3.1　研究思路

当前的实际应用中，对于一个给定的数据表，在所有的副本中，其分区方式是统一的，数据表通过特定的分区函数对其某一或多个属性进行分区。但是查询语句可以非常复杂多变，不同的查询语句会同时访问同一数据表的不同列，即它们会倾向于不同的分区方案。

假设数据表 Table1 有两个属性：ID 和 Name，考虑如下两个查询语句：

- SELECT * FROM Table1 WHERE ID='123456'
- SELECT * FROM Table1 WHERE NAME='foo'

显然，这两个查询语句对数据表 Table1 的分区方式要求是不同的。第一个查询倾向于对其 ID 属性进行分区，第二个倾向于对其 Name 属性进行分区。这种分区矛盾并不只体现在对单个数据表的不同属性上，当查询访问不同的数据表时也会有类似的矛盾产生。考虑稍复杂的情况，如图 6-5 所示，表 Book 和 Order 通过外键互相关联：B_ID 是表 Book 的主键，O_ID 是表 Order 的主键，O_B_OK 是表 Order 的一个指向 B_ID 的外键。则下面两个查询同样会对分区方案产生矛盾。

- SELECT B_NAME FROM Book WHERE B_PRICE>49.99
- SELECT B_NAME FROM Book, Order WHERE O_NUM>100 AND O_B_ID=B_ID

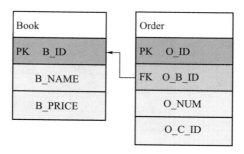

图 6-5　有外键关联的数据表

第一个查询倾向于对 Book 的 B_PRICE 列进行分区，而第二个查询倾向于对 Book 按照 B_ID 列进行分区。

虽然以上这种情况可以通过创建更多的索引来部分解决，但是索引会需要额外的空间，并且其创建和维护也会给系统增加额外负担，而且在分布式环境下，索引会变得更加复杂，所以这些因素都限制了系统管理员不能够任意地创建索引。考虑到实际系统中已经有多个副本了，那么我们可以通过对多个副本部署不同的分区方案来解决这个问题，更重要的是这样做并不会额外增加系统负担。

除了以上情况之外，不同查询对相同数据表和相同属性的不同分区函数同样也会导致分区方案的矛盾。例如图 6-5 中的 Book，如下两个查询请求的分区函数是不同的：

• SELECT B_NAME, B_PRICE FROM Book WHERE_B_ID='20170101001'

• SELECT B_NAME, B_PRICE FROM Book WHERE_B_ID>'20170101001' and B_ID<'20180101001'

第一个查询会倾向于对 Book 按照 ID 使用哈希函数（hash function）来分区，而第二个查询会倾向于对其使用区间函数（range function）来分区。

在实际系统中，查询更加复杂多变，使得分区方案矛盾的问题更加严重，例如图 6-6 显示了 TPC-DS 中两个子查询访问的表和属性。

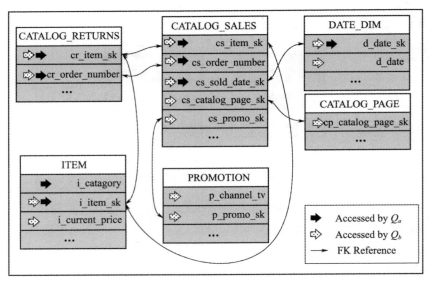

图 6-6　TPC-DS 中两个子查询对数据表和属性的访问示意图

为此我们需要对分区方案矛盾的问题进行量化研究，区分矛盾的不同类型和程度，以对工作负载进行聚类。

6.3.2　方案概况

图 6-7 显示了多方案分区设计的流程。首先，对于给定工作负载，我们通过遍历其所有查询并利用数据库表的 Schema 得到其距离矩阵；然后，利用非监督式机器学习算法 k-medoids 对工作负载进行聚类；接着利用最新的自动分区方案生成算法为每个工作负载聚类生成分区方案；最后，将不同的副本用这些生成的分区方案进行数据分区；当接收到查询请求的时候，将查询路由到对应的副本上完成查询响应。该方法有如下两个重要特点：

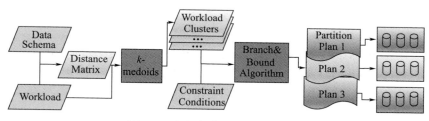

图 6-7　多方案分区设计流程概览

1）无侵入性。该设计不需要对底层数据库做任何修改，例如内部的逻辑操作等，唯一需要修改的就是中间件中对 SQL 查询的路由策略。

2）副本异构性。在我们的设计中，不同的副本中数据分区方案是不同的，每个副本对工作负载中的一部分查询有更高的效率。

6.4　距离模型

查询语句之间的距离是对工作负载进行聚类的基础，同时也是后续其他工作的必备条件，所以本节我们首先对查询的距离函数进行详细描述。

6.4.1　定义及术语表示

在 SQL 查询中，其查询条件所访问的属性对分区方案的设计至关重要。在引入距离模型之前，首先我们使用访问模式来描述 SQL 查询中的查询条件。为了使描述更加清晰，在下面的内容中，我们使用大写字母表示数据表，例如 TAB；使用小写字母表示属性，例如 col；使用"."表示属性属于数据表，例如 TAB.col 代表列 col 属于 TAB。

定义 6-1　访问模式由属性集和数据表集构成。其中属性集和数据表集分别是 SQL 查询中的查询条件中访问的所有属性和数据表的集合。

例如，对如下查询 Q：
SELECT *
FROM T1, T2
WHERE T1 . year =2017 AND T1 . i d =T2 . i d ;

根据定义，其访问模式 $AP(Q)$ 为 $\{\{T1, T2\}, \{T1.year, T1.id, T2.id\}\}$，我们分别使用 $AP_a(Q)$ 和 $AP_t(Q)$ 来表示其中的属性集和数据表集。除此之外，我们使用 $T(c)$ 来表示包含属性 c 的表，使用 $fk(c)$ 表示属性 c 所指向的其他表的属性（如果 c 是外键）。根据前面的分析，我们定义分区方案冲突如下：

定义 6-2　任意两个给定的 SQL 查询 Q_a 和 Q_b，如果满足如下两个条件的任意一个，那么我们就称这两个查询分区方案冲突（Paritioning-Plan-Conflicting, PPC）。

1) $\exists c \big| c \in AP_a(Q_a) \wedge c \notin AP_a(Q_b) \wedge T(c) \in AP_t(Q_b)$

2) $\exists c \big| c \in AP_a(Q_a) \wedge c \notin AP_a(Q_b) \wedge T(fk(c)) \in AP_t(Q_b)$

条件 1）是指如果两个查询访问了同一个数据表的不同属性，即存在一个属性 c，属于一个查询的访问模式，但是不属于另一个查询的访问模式，则两个查询即为分区方案冲突。例如，在图 6-6 中，属性 i_category 被 Q_a 访问，但是没有被 Q_b 访问，同时 Q_b 访问了包含 i_category 的表 ITEM 的其他属性，所以两个查询是分区方案冲突的。

条件 2）是指两个查询 Q_a 和 Q_b 即使没有访问同一个数据表，但是如果它们的访问模式中的两个或者多个表是有外键相互关联的，那仍然是分区方案冲突的。原因是在分区方案的设计过程中，通过外键互相关联的父子表通常是共同分区（co-partitioned）的。根据经验，连接操作（JOIN）通常发生在外键关联的表上，所以子表通常被按照父表的分区方式和属性进行分区，所以即使两个查询没有共同访问的数据表，它们仍然有可能会有分区方案冲突。例如，在图 6-6 中，如果有两个查询分别访问了 CATALOG_RETURNS 和 ITEM，因为这两个表是有外键关联的，所以即使它们没有共同访问的数据表，它们仍然是分区方案冲突的。

6.4.2 距离函数

仅有对分区方案冲突的定义还不足以解决冲突，我们需要知道两个给定的查询冲突的程度，即两者的距离。有非常多的数据信息可以来衡量两个查询之间的距离，例如工作负载访问图（Access Graph），SQL 追踪图（SQL Trace Graph）和属性的共同出现频率（Co-occurrence Frequencyof Attributes）等。根据前面的定义，查询中的查询条件可以用访问模式描述，同时访问模式又在许多自动生成分区方案的算法中被大量使用，所以我们使用访问模式来测量两个查询的距离。根据定义 6-2 中的两个条件，我们考虑对应的两种查询冲突类型。

（1）访问同一数据表的不同属性

这种类型的查询为定义中第一种条件所描述的。例如，在表 6-1 中有 $Q_1 \sim Q_6$ 共 6 个查询，这 6 个查询描述了这种冲突的不同程度。在表中，$a_1 \sim a_5$ 为 5 个属性，a_1 和 a_2 属于表 T1，$a_3 \sim a_5$ 属于表 T2。如果查询 Q 在其查询条件中访问了某个属性，则对应的单元格为 1，否则对应的单元格为 0。

表 6-1(a) 是此种冲突的一种极端情况，Q_1 和 Q_2 访问了完全相同的属性，即 $AP_a(Q_1) = AP_a(Q_2)$，所以，对这两个查询来讲，它们需要的分区方案是一致的，即这两个查询的距离为 0，在对工作负载聚类时这两个查询应该被划分到同一个聚类中。表 6-1(b) 代表了另一个极端情况，Q_3 和 Q_4 访问了相同数据表的完全不同的属性集，即这两个查询需要的分区方案是完全不同的。这种情况下，我们设定其距离为 1，在进行聚类时将其划分到不同的聚类中。表 6-1(c) 描述了一般情况下的两个查

询。这两个查询访问的属性集合是部分重合的，所以它们的距离应该在 0 ~ 1 之间。在这种情况下，我们使用两个查询访问的属性集的重合程度来描述其距离。

设 C_i 为满足以下条件的属性的数量：1）$c \in AP_a(Q_i)$ 且 2）$T(c) \in AP_t(Q_j)$，C_{ij} 为满足以下条件的属性的数量：$c \in AP_a(Q_i) \land c \in AP_a(Q_j)$。则其距离定义如下

$$\mathrm{dist}_1(Q_i, Q_j) = 1 - \frac{2 \cdot C_{ij}}{C_i + C_j} \tag{6-1}$$

dist_1 将共同访问的属性集及未共同访问的属性集同时纳入考虑，并且将结果归一化到 [0, 1]。以表 6-1(c) 中的 Q_5 和 Q_6 为例，我们可以得到 C_5 = 4，$C_6 = 3$，$C_{5,6} = 2$，则可以计算得出 $\mathrm{dist}_1(Q_5, Q_6) = \dfrac{2}{7}$。

表 6-1　分区方案冲突的不同程度

(a) 最小距离			(b) 最大距离			(c) 一般情况		
	Q_1	Q_2		Q_3	Q_4		Q_5	Q_6
T1.a_1	1	1	T1.a_1	1	0	T1.a_1	1	0
T1.a_2	0	0	T1.a_2	0	1	T1.a_2	1	1
T2.a_3	1	1	T2.a_3	1	0	T2.a_3	1	0
T2.a_4	0	0	T2.a_4	0	1	T2.a_4	0	1
T2.a_5	1	1	T2.a_5	1	0	T2.a_5	1	1

（2）访问被外键关联的数据表

这种类型的冲突是定义中第二个条件描述的。以图 6-6 中的两个查询为例，为了更加清晰地描述，我们使用表 6-2 来表示这两个查询的访问模式。a_1 ~ a_{15} 为图 6-6 中的 5 个数据表的属性，数据表编号顺序为 CATALOG_RETURNS，ITEM，CATALOG_SALES，PROMOTION，DATE_DIM 和 CATALOG_PAGE，对每一个数据表，按照从上到下的顺序对其属性进行编号。

由于对这种情况的距离分析过程与前一类型相似，所以不再赘述，此种情况的距离函数为

设 F_i 为满足以下条件的属性的数量：1）$c \in APa(Q_i)$ 且 2）$\exists T_j \in AP_t(Q_j)$ 其中 T_j 和 $T(c)$ 有外键关联。$F_{i,j}$ 为满足以下条件的属性的数量：1）$c \in AP_a(Q_i)$ and 2）$\exists c_j \big| c_j \in fk(c) \wedge c_j \in AP_a(Q_j)$。则其距离定义如下：

$$\text{dist}_2(Q_i, Q_j) = \frac{F_{i,j} + F_{j,i}}{F_i + F_j} \tag{6-2}$$

F_i 的条件是指被 Q_i 访问的属性所指向的数据表中又被 Q_j 访问的数量，比如表 6-2 中的两个查询的 F_i 值为 $F_a = 8$，$F_b = 14$，因为被 Q_a 访问的表全部与 Q_b 访问的表有外键关联，反之也是一样。$F_{i,j}$ 的条件是指被 Q_i 访问的属性所对应的属性也被 Q_j 访问的数量，所以 $F_{i,j} = F_{j,i}$。例如，cr_item_sk 被 Q_a 访问，其对应的属性 i_item_sk 也被 Q_b 访问，则这是一个 $F_{a,b}$，所以我们可以得到 $F_{a,b} = F_{b,a} = 7$，可得 $\text{dist}_2(Q_a, Q_b) = \dfrac{14}{22}$。

表 6-2　图 6-6 中查询的访问模式

	a_1	a_2	a_3	a_4	a_5	a_6	a_7	a_8	a_9	a_{10}	a_{11}	a_{12}	a_{13}	a_{14}	a_{15}
Q_a	1	1	1	1	0	1	1	1	0	0	0	0	1	0	0
Q_b	1	1	0	1	1	1	1	1	1	1	1	1	1	1	1

根据以上分析，我们可以通过两个距离函数计算任意两个给定查询的距离。但是，需要注意的是以上两种情况并不是互相独立的。在图 6-6 中，这两个查询既符合 dist_1 的情况也符合 dist_2 的情况，但是我们不能对其进行叠加，所以我们定义这种情况的距离函数为

$$\text{dist}(Q_i, Q_f) = \frac{\alpha \cdot \text{dist}_1(Q_i, Q_j) + \beta \cdot \text{dist}_2(Q_i, Q_j)}{\alpha + \beta} \tag{6-3}$$

当两个查询同时满足两种冲突条件时，可以使用此公式进行计算，如图 6-6 中的 Q_a 和 Q_b。公式中 α 和 β 的值可以根据不同的应用场景进行调节。

6.4.3　距离矩阵

在预处理阶段，我们可以使用三个距离函数计算得到任意两个查询语句之间的距离，形成距离矩阵（Distance Matrix）

$$D = \begin{vmatrix} 1 & & & & \\ \text{dist}(Q_2,Q_1) & 1 & & & \\ \text{dist}(Q_3,Q_1) & \text{dist}(Q_3,Q_2) & 1 & & \\ \vdots & \vdots & \vdots & \ddots & \\ \text{dist}(Q_n,Q_1) & \text{dist}(Q_n,Q_2) & \cdots & \cdots & 1 \end{vmatrix} \qquad (6\text{-}4)$$

很多情况下，在对工作负载进行处理的时候，由于其太大而无法放入内存，并且聚类算法的复杂度与工作负载大小密切相关，所以我们可以对工作负载进行压缩。与传统意义的工作负载压缩不同，我们仅需要对工作负载中访问模式相同的查询进行归并。如表 6-3 所示，如果有 500 个查询与 Q_1 的访问模式相同、200 个查询与 Q_2 的访问模式相同、700 个查询的访问模式与 Q_3 相同，则我们可以按照表 6-3 的方式进行压缩。

表 6-3　工作负载的压缩方式

	Q_1 (500)	Q_2 (200)	Q_3 (700)
a_1	1	0	1
A_2	0	1	0
A_3	0	1	1
...	...	...	...

表中括号里的数字代表了工作负载中与此相同的访问模式的查询的数量。同样的，在计算 C_i, $C_{i,j}$, F_i, $F_{i,j}$ 等参数的时候需要乘上该系数。

6.5　多方案分区生成算法

多分区方案的生成可以分为工作负载聚类和分区方案生成两个部分。工作负载聚类是将工作负载中的查询按照其距离划分为不同的聚类，然后针对每一个聚类生成其相应的分区方案。

6.5.1　工作负载聚类

聚类的目的是将具有相同或者类似分区方案需求的查询划分为同一个聚类，其关键问题有两个，即聚类数量和聚类算法。

6.5.1.1　聚类数量

我们的思路是通过多分区方案的方式解决查询语句之间的矛盾，最彻底的解决方式就是为每一个查询生成一个分区方案，但是这种方式是不必要同时也是不现实的，因为这会给存储空间、数据一致性及其他软硬件问题等带来灾难性影响。

聚类数量的一个合适的值是副本的数量。首先，我们可以将生成的对应数量的分区方案完美地部署到每一个副本上，不会额外增加或者删除副本，不给系统带来额外开销，也不会增加系统的复杂度。其次，这与我们最初的设想是一致的。因此，本书中，我们假设聚类数量与副本数量相同。

6.5.1.2　聚类算法

几乎所有的聚类算法都可以直接使用，例如 k-means，DB-SCAN 等，为了简单起见，本书选择用与 k-means 算法类似的 k-medoids 算法对工作负载进行聚类。

k-medoids 算法的核心思想是通过将在同一聚类中的目标之间的距离最小化来达到对目标进行聚类的目的。如算法 9 所示，算法首先随机地选取 k 个查询作为初始中心点，然后根据距离矩阵，将其余的查询按照距离最短的原则进行划分。然后算法迭代地更新中心点和重新划分工作负载，直到达到停止条件。

在我们的算法中，与传统的 k-medoids 算法不同的是分派函数（Assignfunction）。在大多数情况下，距离矩阵是非常稀疏的，例如在 TPC-C 的距离矩阵中，仅有 32% 的元素是非零的。稀疏矩阵对聚类结果的最大影响是会使得在划分函数对工作负载进行划分时聚类大小出现倾斜。因为聚类中心是随机选择的，所以对大多数查询来讲，到达这些中心的距离都为 0，这种情况下将查询划分到哪一个聚类都是可以的，如果按照原始的 k-medoids 算法，则查询会被划分到第一个距离为 0 的聚类中，这样最后的聚类结果就会差别非常大。为此我们修改了划分函数，除了将距离作为考量之外，还考虑到现有聚类的大小，当距离相等时查询会被划分到当前聚类最小的那个聚类中（见算法 10 中第 6~8 行）。

算法 9：工作负载聚类算法 k-medoids

Input: W: workload, a: statements of k cluster centers

Output: Clusters: assignment result

1　$o[k] \leftarrow$ RandAttrib (W)

2　Clusters$[k] \leftarrow$ NULL

3　Assign $(W, o$, Clusters$)$

4　while SwapCost<0 do

5　　Adjust $o[k]$

6　　SwapCost $=$ Assign $(W, o,$ Clusters$)$

7　end

8　return Clusters$[k]$

算法 10：k-medoids 中的分派函数

Input: $W, a[k]$: Workload and cluster center

Output: None

1　Dist$[k] \leftarrow 0$, Clusters$[k] \leftarrow$ NULL

2　for $s \in W$ do

3　　for $i = 0$ to $k - 1$ do

4　　　Dist$[i] =$ dist $(s; a»i?)$

5　　end

6　　CIs $=$ IndexesOfMinValue (Dist$[k]$)

7　　CI $=$ IndexOfMinCluster (CIs)

8　　Clusters$[$CI$] \leftarrow$ s

9　end

6.5.2　分区方案生成

对于给定工作负载和表结构，寻找最优分区方案是个 NP 问题，NP 问题的三个核心问题是搜索空间、搜索算法以及对搜索算法至关重要的目标函数。

6.5.2.1　方案的搜索空间

构成分区方案的搜索空间的参数包括所有属性与分区函数的组合。理论上，所有的属性和分区函数都可以用来构造搜索空间，但是，这样会极大地增加搜索空间的大小，使得搜索时间变得更长，也在一定程度上使得在固定时间内搜索到更优方案的可能性更低。为了在合理的时间内搜索到更高效的分区方案，我们仅将高频出现的属性（Interesting Attributes）纳入生成搜索空间的范围。另外，仅考虑常见的分区算法：hash，map 和 replication。这样就极大地缩减了搜索空间的大小，更有利于我们快速找到更接近最优方案的局部最优解。

理论上，我们提出的多分区方案的方法能够极大地缩小搜索空间的大小，提高搜索速度。主要原因有三个，首先，经过对工作负载进行聚类，与原始工作负载相比，每个聚类中的高频属性的数量被极大减少。其次，每个聚类的分区方案的搜索过程是完全独立的，所以可以非常容易地将搜索过程并行处理，所以可以提高搜索速度。最后，因为工作负载被聚类了，在每个聚类的搜索过程中对分区方案评估的计算过程被大大缩短了。实验结果也证实了我们的搜索算法更加高效。

6.5.2.2　搜索算法

许多搜索算法都可以用来对分区方案进行搜索，例如遗传算法（Genetic Algorithm），模拟退火算法（Similated Anealing），分支界限算法（Branch and Bound）等等。本节我们选取分支界限算法作为示例。分支界限算法是针对离散和组合问题而提出的一种优化算法。在分支界限算法中，问题的解空间被构建成一个决策树的结构，如图 6-8 所示，该决策树共有三种不同类型的节点。

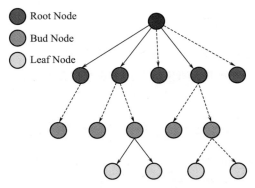

图 6-8　分支界限算法示意图

1）根节点。根节点是分区方案的初始化节点，在根节点中，所有的数据表可以被任意分区。

2）分支节点。每一个中间节点都是一个不完整的分区方案，在这个不完整的分区方案中，部分数据表已经被分区，部分还没有被分区，这些未被分区的数据表有可能会被进一步分区。同时，该分支节点也有可能因为代价过高而无须进一步分区被剪枝。

3）叶子节点。每一个叶子节点都是一个完整的分区方案，其中的每一个数据表都不允许被重新分区。

算法的输入为工作负载的聚类，初始的分区方案以及副本的存储空间大小限制。为了能快速搜索到一个完整的分区方案，在执行过程中我们选择深度优先的搜索方案（Depth First Search）来选择节点进行展开（算法 11 中的 NextNode）。同时，为了提高剪枝算法的效率和减少搜索时间，我们事先根据出现频率将属性和数据表按照降序进行排序，这样在每次选择数据表和属性的时候都是被访问次数最多的，也就是最有可能生成完整方案的（CreateChildPlans）。算法在执行过程中仅对在当前搜索状态中最具有可能性可以搜索到最优方案的节点进行展开。如果当前新生成的分区方案超过了存储空间限制 B，则该方案被剪枝。如果该方案没有超过存储空间限制，则需要与当前的最优方案进行对比（对比算法在下一节进行详述），如果该方案的代价比当前的最优方案（OptimalPlan）更低，则用该方案替换当前的最优方案，否则该方案同样被剪枝。算法迭代执行直到达到终止条件，根据不同的应用场景，终止条件有不同的组合，包括但不限于如下几种：没有可以扩展的分支节点，超过了指定的搜索时间限制或者已经找到了满足要求的完整分区方案。

6.5.2.3　目标函数

分区方案的代价评估是一个研究热点和难点，工业界和学术界的许多学者给出了很多种方式和指标对分区方案的代价进行评估。例如微软、甲骨文和 IBM 等数据库厂商使用其自身产品的一些特性来进行评估，例如数据库产品中的优化器（Optimizer），可以使用优化器以非常快的速度预估同样的工作负载在不同的分区方案下的执行条件，并且利用一些包括 MEMO 在内的数据结构，可以得到数据表以及节点级别的统计数据，为生成分区方案提供更多信息。

由于分布式并行数据库的一些特殊特性，我们选择了一个对数据倾斜敏感的代价模型，这个模型可以在不部署分区方案以及无须对工作负载中的查询语句实际执行的前提下对分区方案进行代价评估，可以极大地加快分区方案的搜索速度，减少我们的工作量。

该模型将语句以单分区执行和多分区执行之间的协调代价（CoordCost）和数据倾斜两个参数同时纳入考虑范围，将两者进行归一化，作为分区方案的代价。

$$\text{Cost} = \frac{\alpha \cdot \text{CoordCost}(P,W) + \beta \cdot \text{SkewFactor}(P,W)}{\alpha + \beta} \qquad (6\text{-}5)$$

公式（6-5）为工作负载 W 在分区方案 P 下的执行代价，其中 α 和 β 用来平衡这两个代价的重要程度的不同。在不同的应用场景下，两个参数可以根据实际情况进行调整。

如算法 12 所示，CoordCost 函数计算工作负载中的每一个查询所访问的数据分区的数量，如果访问的分区数量大于 1，则表明该查询在执行过程中需要访问多个节点，意味着需要在节点间进行传输，则该查询为跨节点（cross-node）查询，对应的分布式查询计数器加 1，并且总的访问分区的数量为加上该查询访问的分区的数量。最后的返回值为分布式查询和全部查询的比例与对应的分区数量的乘积。

如果我们仅用协调代价作为唯一参数来衡量分区方案的好坏，那么最后的分区方案的结果就是在存储空间的限制下尽量地将所有数据通过复制的方式集中到一个节点内，这样就尽可能地让更大比例的查询变成单节点查询，即将所有数据表和分区放到同一节点上。所以该模型将数据倾斜（SkewFactor，算法13）作为另一个参数来使得分区方案尽量将数据平均分布到所有节点上。数据倾斜参数将工作负载划分为nIntervals个子集，并为其中的每一个子集计算其对应的数据倾斜参数，最后利用加权平均的方式将所有参数归一化。这样做就避免了某些特别耗时的查询对最终结果的影响。通过这种方式，模型可以产生出更加合理的值。

算法 11：分支界限算法搜索分区方案

Input: *RN*: Root node, *B*: Storage bound, *W*: Workload
Output: Partitioning Plan
1　OptimalPlan ← null
2　CurrentPlan ← null
3　NewPlan ← null
4　while (!StopCondition()) do
5　　　CurrentPlan = NextNode(*RN*)
6　　　NewPlan= CreateChildPlans(CurrentPlan)
7　　　if storage requirement of NewPlan < *B* then
8　　　　　Cost=GetCost(NewPlan, W)
9　　　　　if NewPlan is a completed plan then
10　　　　　　　if Cost < OptimalPlan.Cost then
11　　　　　　　　　OptimalPlan = NewPlan
12　　　　　　　　　prune(NewPlan)
13　　　　　　　end
14　　　　　end
15　　　　else
16　　　　　　if OptimalPlan.Cost<Cost then
17　　　　　　　　prune (NewPlan)
18　　　　　　end
19　　　　end
20　　　end
21　　　else
22　　　　　prune (NewPlan)
23　　　end
24　end
25　return OptimalPlan

算法 12：计算分区方案的协调代价（Coordination Cost）

Input: P, W

Output: CoordCost

1 sCount ← 0
2 dsCount ← 0
3 pCount ← 0
4 for $s \in W$ do
5 　Partitions ← GetPartitions(P, s)
6 　if $|$Partitions$| > 1$ then
7 　　dsCount = dsCount+1
8 　　pCount = pCount+ $|$Partitions$|$
9 　end
10 　sCount = sCount+1
11 end
12 return$(\dfrac{p\text{Count}}{s\text{Count} \cdot |\text{Total Partitions}|}) \cdot (1 + \dfrac{ds\text{Count}}{s\text{Count}})$

算法 13：计算分区方案的数据倾斜参数 SkewFactor

Input: $P; W$

Output: Skew factor

1 skew[] ← null
2 sCounts[] ← null
3 for i=0 to nIntervals do
4 　skew[i]=CalcSkew(D, W, i)
5 　sCounts[i]=nStatements(W, i)
6 end
7 $return \dfrac{\sum_{i=1}^{\text{nIntervals}} \text{skew}[i] \cdot \text{sCount}[i]}{\sum_{i=1}^{\text{nIntervals}} \text{sCount}[i]}$

6.6　查询路由算法

在分布式数据库中，逻辑上服务器可以分为两层，即通常由一台主服务器（Master Sever）和多个从服务器（Slave Server）构成。主服务器负责接收查询请求并将查询请求根据特定的转发策略转发至不同的从服务器进行响应。从服务器将接收到的转发请求在本机执行并将结果转至指定的节点（跨节点查询情况下需多个从服务器协同执行）或者直接返回至主服务器（单节点查询）。

在当前的单分区方案的并行数据库的数据分区设计中，所有副本上的数据都是被同一分区方案进行分区的，所有查询在任一副本上执行的代价都是完全相同的。对比之下，在我们的分区策略之下，各个副本之间的分区方式是异构的，所以同一查询在不同的副本上执行的代价并不是完全相同的，甚至会差距非常大。所以为了将查询路由到其合适的副本上，我们在主服务器上增加一个三元组的数据结构来帮助路由策略为不同的查询寻找合适的副本：

< Statement ID，Cluster ID，ReplicaID >

为了减少对主服务器的存储需求，使得该结构能够载入内存以便快速执行路由策略，我们可以像对工作负载的压缩一样对该结构进行压缩。

根据服务器的两层架构，路由也可以分为两个阶段，第一阶段是从主服务器路由至从服务器，第二阶段是从服务器分发至其下的数据节点。我们只考虑第一阶段的路由策略，第二阶段的保持不变。根据查询的特点，我们将其分为三种类型，分别使用不同的路由策略进行处理。

6.6.1　已知查询

已知查询是指在对工作负载进行聚类以及寻找分区方案的过程中出现过的查询。当接收到这样的查询请求的时候，主服务器可以通过查询三元组找到该查询对应的副本，然后将其路由到对应的副本中进行执行并响应。

在此情况下，副本维护自己的分区方案，接收到主服务器转发的查询请求之后通过对比自身的分区方案将该查询分发到其副本内的其他数据节点。根据查询请求的不同，所涉及的数据节点数量也不同，所以该副本的从服务器需要根据查询来判断需要向哪些节点分发查询。在不同的分布式数据产品中，这一阶段的路由策略各有不同，本书将这一阶段的路由策略视为透明，不对其进行任何更改。

6.6.2　ad-hoc 查询

与已知查询对应，新查询（ad-hoc）是指从未在工作负载聚类或者生成分区方案的过程中出现过的查询。

当主服务器接收到这种查询的时候，无法通过查询三元组定位到其应该分发的从服务器。同时，由于聚类和分区方案重新生成和部署代价过于昂贵，所以不可能再接收到新的查询请求之后重新进行上述操作。由于通过现有数据无法知道更多信息，所以最直接的方式就是随机地选择一个副本将其路由。

我们选择一个稍复杂但是更有效的方式。首先，我们用同样的距离模型计算新查询与现有的工作负载之间的距离，计算方式为 $\sum_{s \in C_i} \text{dist}(n, s)$，其中 n 为新查询。根据计算得到的这个距离，我们就可以将这个新查询按照其最近距离划分到聚类中，并按照该聚类对应的副本对其进行路由。与在进行工作负载聚类时不同，我们没有使用新查询到聚类中心的距离，而是使用新查询到聚类中的每一个查询的距离的和作为判断其归属于哪一个聚类的条件，其原因是随着新查询的不断到来，聚类的中心已经发生变化，所以新查询到旧的聚类中心的距离已经不具有代表性，所以使用新查询与各个查询的距离之和更加准确。

6.6.3　更新查询

与只读查询不同，更新查询不能仅在一个副本上执行，根据 ROWA（Read One/ Write All）原则，为了保证各个副本之间数据的一致性，更新操作必须在所有副本上执行。在我们提出的多方案分区的设计方法中，我们并没有将更新操作考虑在内，所以当更新操作在这种副本异构的环境中执行的时候，可能会比其他单分区方案的分区方式更加耗时。

为了减小更新操作对系统性能的影响，我们提出了以更新自动补全（Update Auto-Complete，UAC）的方式来解决这个问题。根据经验，大多数数据表都包含主键（一个或者多个属性），并且数据库也会为这些主键创建索引。所以，我们可以利用这些索引来加速更新操作的执行。

首先，我们将更新操作作为一个新查询来进行路由，然后构造一个针对该更新操作的查询请求，并且发送到相同的副本上来查询出被该更新操作所影响的那些数据记录（或者可以通过对 redo/undo 日志进行分析得到），最后根据返回记录的主键以及更新操作，构造出包含主键的新的更新操作，然后发送到所有副本。这样，一个更新操作变为了一个查询请求和一个更新操作，虽然增加了额外的查询请求，但是可以利用主键索引来避免全表扫描，仍然能够提高更新操作的性能。

如图 6-9 所示，假设右侧三个副本分别被按照三个分区方案 P_1，P_2 和 P_3 进行分区，并且数据表 T 分别被三个分区方案按照属性 C_1，C_2 和 C_3 进行分区，且数据表 T 的主键为这三个属性。如果更新操作只包含属性 C_1，则第一个副本，即按照 P_1 进行分区的副本能够最快地执行该更新操作。在 UAC 中，我们首先将该更新操作发送至第一个副本（箭头 1 所示），然后构造相应的只读查询，将该更新操作更新的数据记录查询并返回（箭头 2 所示），然后构造包含 C_2 和 C_3 的更新操作并发送至副本 2 和 3（箭头 3）。这样，三个副本都能够利用相应的索引对更新操作高效地执行。

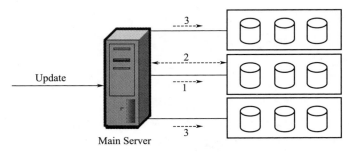

图 6.9　更新操作执行流程图

6.7 实验验证

本章提出的多分区方案共存的分区方式在全副本（fully replicatedsystems）和部分副本（partially replicated systems）中都可以使用，为了减小系统和实验的复杂度，我们在实验中使用全副本的分布式数据库，并且假设副本数量与工作负载的聚类数量相等。需要注意的是，在部分副本的数据库中，我们的方法仍然能够适用。

实验的主要目的是为了验证多副本分区方案的可行性以及高效性。我们主要对以下两个方面的内容进行实验验证：

1）对工作聚类处理以及生成相应的分区方案的高效性。

2）多分区方案下对工作负载处理的高效性。

为了简单起见，实验的图标中，以 MPPD（Multi-plan Partitioning Design）表示我们的方法。

6.7.1 实验数据和平台

因为对可视化的查询相对比较简单，本书前面只包含了对三种类型的属性的处理，所以为了能够更好地说明多分区方案设计的通用性，我们采用更加复杂的 TPC-E 和 TPC-H 的基准测试集来对该方法进行实验验证。对我们的实验来说，这两个测试集足够复杂，并且可以生成足够大的数据集。除此之外，TPC-E 除只读查询之外，还包括更新操作，所以非常适合对自动补全查询功能的测试。数据集的基本情况如表 6-4 所示。

表 6-4 测试数据集基本信息

	数据表数量	属性数量	外键数量	查询数量	数据集大小
TPC-E	33	188	50	12	40GB
TPC-H	8	51	9	22	1TB

TPC-E 包含 33 张数据库表，这些表共有 188 个属性，表之间有 50 个外键互相关联，也就是说平均每个表有超过三个外键。在 TPC-E 的

基准查询中一共有 12 个事务，其中的 2 个事务是定期执行的。我们利用 TPC-E 的内置工具，生成了 40GB 的测试数据以及 200 万条查询作为工作负载。

TPC-H 同样被应用于许多对数据库的验证试验中，其查询语句非常复杂，共包含 8 个表（这些表共含有 51 个属性），以及 22 个非常复杂的测试查询。同样的，我们使用其自带的工具生成了约 1TB 的测试数据和 200 万的查询语句作为典型的工作负载。

在分布式数据库的选择上，我们使用 MyCat 作为分布式数据库的中间件。MyCat 底层使用 MySQL，是一个开源的分布式数据库的中间件，支持事务处理和复杂的数据分区方式，可以满足我们的测试需求。

硬件上，我们使用与前面实验相同的配置。

6.7.2　工作负载聚类

对工作负载聚类的实验主要包含对执行时间、聚类中的数据倾斜以及距离函数中参数的对比实验。

6.7.2.1　执行时间

执行时间主要包括对工作负载的聚类时间以及为每个聚类生成分区方案的时间。由于这两个问题都是典型的优化问题，所以测量其绝对时间很难反映方法的优劣，所以我们分别使用 Divergent Design 和 Locality-aware Design 作为对比方法，对聚类时间及生成分区方案的时间进行测试。Divergent Design 和 Locality-aware Design 中对工作负载聚类和生成分区方案的思想和做法与我们的类似，但是它们使用不同的距离模型来对工作负载进行分区。实验中，我们使用 TPC-H 的工作负载进行测试。

图 6-10 显示了多分区方案与 Divergent Design 的对比结果。通过图 6-10(a) 可以看到，在对工作负载进行聚类时，与 Divergent Design 相比，我们的方案比其提高了 60 倍。这是因为在聚类算法运行时，算法的每一次迭代中，Divergent Design 都需要对聚类的结果进行评估，并且评估过程涉及对聚类中每一个查询的执行代价的评估，这是非常复杂

的；而 MPPD 只需要计算每个聚类新旧结果的距离差别，所以可以非常快速地得出聚类结果。除此之外，在实际实验过程中，我们还发现，当设定聚类数量为 3 时（典型的副本数量），MPPD 甚至可以使用穷举方法在 7 分钟之内寻找到全局最优的聚类结果，但是，我们的测试发现 Divergent Design 在运行超过 24 小时之后仍然无法寻找到最优聚类结果。

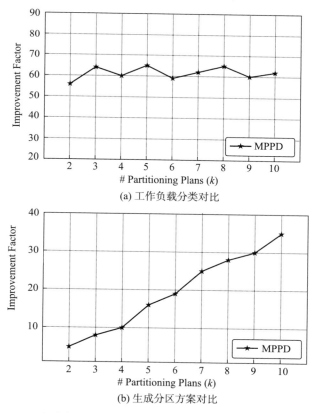

图 6-10　与 Divergent Design 对比结果

图 6-10(b) 显示生成分区方案时 MPPD 与 Locality-aware Design 的对比结果。可以看到，聚类数量越大，MPPD 的算法比 Locality-aware Design 快的越多，即从 $k = 2$ 时快 5 倍到 $k = 10$ 时快 35 倍。导致这样的实验结果主要有两个方面的原因：

1）对工作负载的聚类极大地缩减了分区方案的搜索空间。由于工作负载的大小固定，所以当聚类数量增大时，每个聚类中的查询的数量就会减少，所以分区方案的搜索空间也会相应地缩减。

2）并行化。每个聚类的分区方案的搜索过程是独立的，所以在搜索分区方案时可以非常容易地进行并行处理，更加充分地利用计算机的计算资源。

6.7.2.2　数据倾斜

为了避免聚类结果中各个聚类之间的数据倾斜，我们采用了与传统 *k*-means 函数不同的 Assign 函数。对每个查询来讲，在对其进行划分聚类（Assign 函数）时将其与聚类中心的距离和聚类的大小同时考虑，避免分区过大或者过小的情况。

图 6-11 显示了采用两种不同划分函数时聚类大小的标准差的对比，其中 I-ASSIGN 为传统的划分函数，M-ASSIGN 为 MPPD 中的划分函数。可以看到，MPPD 中的划分函数能够明显地降低聚类结果的标准差，即聚类结果大小更加均匀，这就意味着能够更好地帮助分区方案生成，并且对各个部分之间的负载均衡也更有帮助。因为每个分区方案部署到一个副本中，工作负载聚类的大小直接决定了副本的负载情况，如果分区方案所对应的工作负载的聚类过大或者过小，都势必对副本间的负载均衡产生影响，从而影响数据库的整体性能。

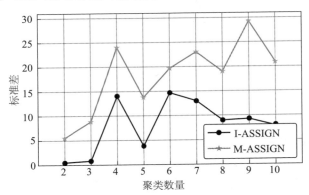

图 6-11　不同 Assign 函数下的聚类结果的标准方差对比

6.7.2.3　距离函数中的参数

在距离模型中，针对查询分区冲突的不同种类，我们给出了相应的距离函数，并且对同时符合两种矛盾情况的查询，利用 α 和 β 两个参数来对其进行归一化处理。不同的数据集和工作负载所需要的两个参数的值也不尽相同。图 6-12 显示了当这两个参数取不同的值的时候对 TPC-E 和 TPC-H 数据集的分区方案质量的影响。图中 X 坐标（底部右侧）为 β 的取值，Y 坐标（底部左侧）为 β 的取值，Z 坐标为工作负载中单节点执行的查询的比例情况。

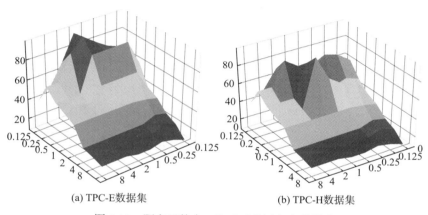

(a) TPC-E数据集　　　　　　　　(b) TPC-H数据集

图 6-12　距离函数中 α 和 β 对分区方案的影响

可以看到在 TPC-E 数据集中，当 α 和 β 的值分别取 1 和 0.125 的时候，单节点执行的查询的比例最高，即分区方案效率最高；在 TPC-H 数据集中，这两个值分别为 1 和 0.5，这是因为 TPC-H 中的查询复杂程度更高，导致了其查询符合两种矛盾的情况更多，所以 β 的值更大，即第二种情况所占的比重更大一些。同时，我们可以看到当 β 值减小，α 的值趋近于 1 的时候，两个数据集的单节点查询的比例会变得更高，这是意味着在两种矛盾情况同时满足的时候，$dist_1$ 的重要程度要比 $dist_2$ 低一些，即针对同一数据表的不同属性的访问是我们要关注的重点。

6.7.3　分区方案性能比较

　　为了测试多分区方案设计的有效性,我们以单分区方案为基准,测试多个分区方案情况下工作负载的查询响应时间。测试中,我们设定聚类数量为 2 ~ 10,并且每次实验中副本的数量与聚类数量相等,每个副本用一个独立的分区方案。在每个不同的副本数量下,分别执行 TPC-E 和 TPC-H 的工作负载,测试其响应时间并且与单个分区方案时进行对比,即分区方案数量为 1,副本数量与多分区 MPPD 中相同。

6.7.3.1　只读查询

　　图 6-13 显示了在不同分区方案数量下与单分区方案相比时两个数据集的响应时间减少的倍数。图中 X 轴为分区方案的数量,数量为 1 时即为单分区方案的情况;Y 轴为响应时间减少的倍数。可以看到,根据分区方案数量的不同,与单分区方案相比,MPPD 可以将同样的查询的响应减少 3 ~ 7 倍。原因是随着分区方案数量的提高,工作负载中查询之间的分区矛盾被逐渐地降低。与单分区方案相比,查询语句有能够更加符合其执行特点的副本,执行效率更高,执行时不同节点间的数据移动减少,所以响应时间变得更短。这个结果表明多方案分区设计能够非常有效地解决查询之间的分区矛盾问题,提高系统的性能。

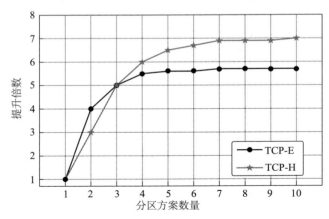

图 6-13　TPC-E 和 TPC-H 中查询的响应时间

另一方面，我们仍然注意到，当分区方案数量增大到一定程度（TPC-E 中为 4，TPC-H 中为 7）的时候，响应时间减少的速度会变得非常缓慢。其原因在于当分区方案的数量增长到一定程度之后，绝大部分查询之间的分区矛盾会被解决。同时，分区方案数量越多，副本数量越多，所需要的协调代价就越大，这些同样会反过来降低系统的性能。所以，根据不同数据集的特性和工作负载的复杂程度，可以选择合适的分区方案（即副本）的数量。

6.7.3.2　单节点查询的比例

在分布式数据库系统中，查询可能会在多个节点上执行。一般来说，在单个节点上执行的查询的响应速度要比在多个节点上执行的查询的响应速度更快，因为在不同节点之间的数据移动以及通信的代价要比在本机上更加昂贵。所以衡量一个分区方案优劣的重要指标就是给定工作负载中单机执行的查询所占的比例。如果不同的副本按照不同的分区方案进行数据分区，那么不同数量的分区方案会有不同比例的单机执行的查询。图 6-14 显示了不同分区方案数量下的单节点查询的比例情况。其中 X 轴为分区方案的数量，1 代表传统的单分区方案的情况。

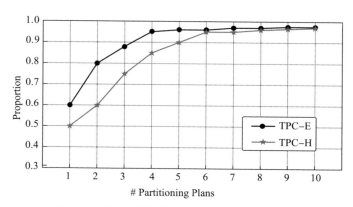

图 6-14　单节点执行的查询在工作负载中的比例

可以非常明显地看到，随着分区方案数量的增大，这个比例会快速提升（40% ~ 60%，根据数据的不同，幅度有所不同）。同时，我们也可以观察到，当副本数量超过 6 个时，比例就提高得非常缓慢了。其原因与前面类似，当超过 6 个分区方案时，绝大部分查询中的分区矛盾问题被解决，单节点的查询比例已经达到 95% 以上，所以继续提高分区方案的数量，对单节点查询的比例的提升影响甚微。

6.7.3.3　更新操作

同样的，在这个实验中，我们以在单副本环境下的响应时间为基准线，测试在不同数量的副本上执行 TPC-H 中的更新操作时的响应时间。因为 TPC-H 中所有的更新操作都包含完整的主键，所以对所有副本的更新操作可以直接进行，不要进行主键的自动补全（UAC）。由图 6-15(a) 我们也可以看出单副本和多副本时更新操作的响应时间差别非常小，其曲线几乎完全重叠。但是，随着副本数量的增多，响应时间会变得更长，这是因为在多副本的环境下，更新操作需要在所有副本上执行，所以需要更多的协调代价；同时，副本之间的性能差异也会使整体响应时间变长。

为了测试自动补全功能对更新操作的影响，我们生成了两个不包含任何主键的新的更新操作。其中一个包含与现有查询中相同的查询条件（S1），另一个不包含与现有查询中任何一个查询相同的查询条件（S2）。

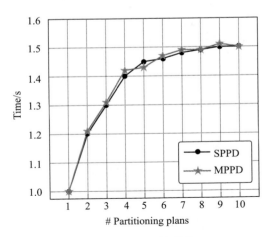

(a) TPC-H中的更新操作

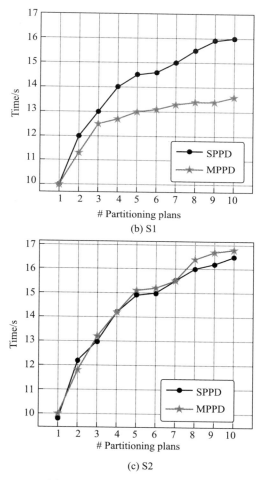

图 6-15　更新操作的响应时间

图 6-15(b) 和图 6-15(c) 分别显示了这两个查询的响应时间。图中，圆点线代表在单分区方案下的执行的响应时间，即没有 UAC 的情况；五星线代表了在多分区方案下的执行的响应时间，即有 UAC 的情况。从图 6-15(b) 中我们可看到，当有 UAC 时，更新操作的响应时间要快 20% ~ 30%。如图 6-15(c) 所示，没有 UAC 时，更新操作的响应时间几乎无差别。原因是更新操作极大地依赖于数据库中的索引情况，在 S2

中，由于没有任何类似的查询条件，所以在数据库中找不到可用的索引，所以很难提高其更新操作的响应时间。

6.8　小结

在本章中，我们将底层数据库扩展为无共享的分布式并行数据库，由于数据分区方案对并行数据库的性能有非常大的影响，所以我们对数据的分区方案进行了研究。由提出查询之间的分区方案矛盾的定义开始，我们提出响应的检测和衡量分区方案矛盾的查询之间的距离模型，然后利用该模型对工作负载进行聚类并为每个聚类生成分区方案。通过引入一个简单的数据结构，可以高效准确地将查询路由到使用不同的分区方案进行数据分区的副本上。最后，文章通过大量的实验对该方法的有效性进行了验证，可以看到我们提出的方法能够比传统的单分区方案的设计有 4 ~ 5 倍的提高，并且在离线生成分区方案时，也比同类的分区方式更加高效。

第 7 章　总结与展望

7.1　总　结

本书以数据库为基础，对大规模空间数据交互式可视化的相关问题展开了研究。首先阐述了近似图像的生成方法，并给出了适用于该方法的近似度函数应具有的两个单调性属性。针对该方法，结合数据库中对不同数据类型的存储和检索方式，为连续型和离散型数据分别建立了Marviq 和 NSAV 模型，这两个模型都支持 ad-hoc 查询，能够提供亚秒级的请求响应，并且适应于不同的可视化图像类型及不同的图像近似度函数，同时对用户和底层数据库都是透明的。

提供近似可视化图像的关键问题之一为如何测量近似图像与原始图像之间的相似度。本书结合提出的近似可视化图像的生成方式，推导出适用于该方式的近似度函数应具有两个属性，即子集增长单调性和超集降低单调性。然后从图形学和数据两个角度分别对近似度函数进行了研究，创新性地提出融合两类测量函数的测量方法，使之更符合用户对数据可视化图像的解读方式。以此为基础，本书设计了一种通过用户调研方式获取用户对图像能够接受的最低近似度的方法。以该近似程度为阈值（以 τ 表示），本书提出的模型能够返回近似度不低于 τ 的近似可视化图像。

针对查询条件中属性为连续型数据的情况，本书提出基于预生成图像的近似图像生成模型——Marviq。其主要思想是预先对查询属性划分区间并生成图像，将图像存储在称为 MVS 的数据结构中。对于查询属性为连续型数据的 ad-hoc 查询，Marviq 使用这些预生成的图像来合成原始图像或者近似图像，并对近似图像的近似度进行估计。同时，MVS还可以扩展为 MVS$^+$ 以存储多种分辨率的预生成图像，进一步提高系统性能及降低存储代价。

针对查询条件中属性为离散型数据的情况，本书提出 NSAV 模型。NSAV 以数据库提供的原生态抽样方式为基础，即 SQL 标准中的 TABLESAMPLE 和 LIMIT，分别建立了 rQ- 模型和 kQ- 模型。其主要思想是利用这两个关键字重写可视化查询以获取原始查询结果的子集，然后利用这些子集生成近似图像，并对图像的近似度进行计算，在图像近似度和关键字所需参数之间建立关系。模型以用户指定的近似度阈值为输入，计算出对应 SQL 关键字所需的参数，生成不低于指定阈值的近似图像。同时，NSAV 模型还可以与离线样本相结合，进一步降低查询响应时间，提高系统性能。

在离线样本的生成方式中，本书结合空间数据的特征及 LIMIT 查询的执行特点，提出数据密度敏感的分层抽样方法。该抽样方法能够充分利用分层抽样的优势，与空间数据的分布特点相结合，提高样本的质量。同时，该抽样方法能够根据 LIMIT 查询的特点，避免离线样本与原始数据表共同使用时可能发生的数据重合现象，进一步提高离线样本的效率和质量。

针对以上模型和方法，本书分别开展了用户调研和大量实验验证，对比了当前比较有代表性的研究成果，Sample+Seek 和 VAS，实验结果表明，本书提出的模型和方法能够极大地提高大规模空间数据可视化查询的响应时间，满足用户对交互式可视化的需求。

7.2 展望

空间数据的可视化是一个非常大的研究领域，涉及数据库、图形学、人机交互等多个方面，本书仅对较为常见的可视化图像类型和查询进行了研究。由于交互式可视化对系统要求较为苛刻，同时，当前空间数据规模大、增长快，在以下方面，还有许多值得深入研究的问题。

7.2.1 复杂查询

本书只研究了查询条件中只包含一种属性的查询，即连续型或者离散型，虽然在对应的模型中分别扩展到了多个查询条件的情况，但是对多属性类型查询的扩展仍然存在困难。例如，对既包含连续型属性又包含离散型属性的查询，即需要将 Marviq 和 NSAV 模型整合，需要进一步深入研究。

在现实中，可视化查询请求可能还包括更多更复杂的情况，例如，包含多种属性、多个条件、多种逻辑关系，这会使模型的建立更加复杂。

另一方面，本书只处理了包含单个数据表的查询，对包含多个表连接的查询以及包含 GROUP BY、嵌套子查询等更复杂的查询也需要进一步深入研究。

7.2.2　底层数据库

从可视化系统的架构上看，目前本书仅对中间件和前端显示进行了相关研究，而对可视化系统中的底层数据库仍然需要进一步深入研究。当前环境下，海量数据一般存储在分布式数据库之中，在分布式环境中，许多查询的执行计划和特征与在传统单机关系型数据库中的差别非常大。对分布式数据库中查询计划的执行和建模，以及对数据分区方案的探索 [149]，都需要进一步深入研究。

参考文献

［ 1 ］Bailey T C, Gatrell A C. Interactive spatial data analysis: volume 413[M]. [S.l.]: Longman Scientific & Technical Essex, 1995.

［ 2 ］Devillers R, Jeansoulin R, Goodchild M F. Fundamentals of spatial data quality [M]. [S.l.]:ISTE London, 2006.

［ 3 ］Anselin L, Syabri I, Kho Y. Geoda: an introduction to spatial data analysis[J]. Geographical analysis, 2006, 38(1): 5-22.

［ 4 ］Stoica I. For big data, moore's law means better decisions, www. tableausoftware.com/[Z].[S.l.: s.n.], 2012.

［ 5 ］Azzam T, Evergreen S, Germuth A A, et al. Data visualization and evaluation[J]. New Directions for Evaluation, 2013, 2013(139): 7-32.

［ 6 ］Kosara R. Visualization criticism - the missing link between information visualization and art [C]//2007 11th International Conference Information Visualization (IV '07). 2007: 631-636.

［ 7 ］Liu Z, Heer J. The effects of interactive latency on exploratory visual analysis [J/OL]. IEEETrans. Vis. Comput. Graph. 2014, 20(12): 2122-2131. https://doi.org/10.1109/TVCG.2014.2346452.

［ 8 ］Crotty A, Galakatos A, Zgraggen E, et al. The case for interactive data exploration accelerators(ideas)[C/OL]//Binnig C, Fekete A, Nandi A. Proceedings of the Workshop on Human-In-the-Loop Data Analytics, HILDA@SIGMOD 2016, San Francisco, CA, USA, June 26 - July 01, 2016. ACM, 2016: 11. https://doi.org/10.1145/2939502.2939513.

［ 9 ］Tao W, Liu X, Wang Y, et al. Kyrix: Interactive pan/zoom visualizations at scale [J/OL]. Comput.Graph. Forum, 2019, 38(3): 529-540. https://doi.org/10.1111/cgf.13708.

［ 10 ］Visualization category, https://www.jianshu.com/p/28c4b43c396d/[Z]. [S.l.: s.n.], 2019.

［ 11 ］Godfrey P, Gryz J, Lasek P. Interactive visualization of large data sets[J/OL]. IEEE Trans.Knowl. Data Eng., 2016, 28(8): 2142-2157. https://doi.org/10.1109/TKDE.2016.2557324.

［ 12 ］Zomaya A Y, Sakr S. Handbook of big data technologies[M]. [S.l.]: Springer, 2017.

［ 13 ］Ghosh A, Nashaat M, Miller J, et al. A comprehensive review of tools for exploratory analysis of tabular industrial datasets[J]. Visual Informatics, 2018, 2(4): 235-253.

［ 14 ］Behrisch M, Streeb D, Stoffel F, et al. Commercial visual analytics systems–advances in the big data analytics field[J]. IEEE transactions on visualization and computer graphics, 2018, 25 (10): 3011-3031.

［ 15 ］Sakr S, Zomaya A. Encyclopedia of big data technologies[M]. [S.l.]: Springer Publishing Company, Incorporated, 2019.

［ 16 ］Jiang L, Rahman P, Nandi A. Evaluating interactive data systems: Workloads, metrics, and guidelines[C/OL]//SIGMOD, June 10-15, 2018. 2018: 1637-1644. http://doi.acm.org/10.1145/3183713.3197386.

［ 17 ］Battle L, Chang R, Heer J, et al. Position statement: The case for a visualization performance benchmark[C]//2017 IEEE Workshop on Data Systems for Interactive Analysis (DSIA). [S.l.]:IEEE, 2017: 1-5.

［ 18 ］Goiri I, Bianchini R, Nagarakatte S, et al. Approxhadoop: Bringing approximations to mapreduce frameworks[C/OL]//Proceedings of the Twentieth International Conference on Architectural Support for Programming Languages and Operating Systems, ASPLOS'15, Istanbul, Turkey, March 14-18, 2015. 2015: 383-397. http://doi.acm.org/10.1145/2694344.2694351.

［ 19 ］Zhang X, Wang J, Yin J, et al. Sapprox: Enabling efficient and accurate approximations on sub-datasets with distribution-aware online sampling[J/OL]. PVLDB, 2016, 10(3): 109-120. http://www.vldb.org/pvldb/vol10/p109-zhang.pdf.

［20］Zeng K, Agarwal S, Dave A, et al. G-OLA: generalized on-line aggregation for interactive analysis on big data[C/OL]//Proceedings of the 2015 ACM SIGMOD International Conference on Management of Data, Melbourne, Victoria, Australia, May 31 - June 4, 2015. 2015: 913-918. http://doi.acm.org/10.1145/2723372.2735381.

［21］Mozafari B, Ramnarayan J, Menon S, et al. Snappydata: A unified cluster for streaming, transactions and interactice analytics[C/OL]// CI-DR 2017, 8th Biennial Conference on Innovative Data Systems Research, Chaminade, CA, USA, January 8-11, 2017, Online Proceedings. 2017. http://cidrdb.org/cidr2017/papers/p28-mozafari-cidr17.pdf.

［22］Agarwal S, Mozafari B, Panda A, et al. BlinkDb: queries with bounded errors and bounded response times on very large data[C/OL]//Eighth Eurosys Conference 2013, EuroSys'13, Prague, Czech Republic, April 14-17, 2013. 2013: 29-42. http://doi.acm.org/10.1145/2465351.2465355.

［23］Park Y, Mozafari B, Sorenson J, et al. Verdictdb: Universalizing approximate query processing [C/OL]//Proceedings of the 2018 International Conference on Management of Data, SIGMOD Conference 2018, Houston, TX, USA, June 10-15, 2018. 2018: 1461-1476. http://doi.acm.org/ 10.1145/3183713.3196905.

［24］Li K, Li G. Approximate query processing: What is new and where to go? - A survey on approximate query processing[J/OL]. Data Science and Engineering, 2018, 3(4): 379-397. https://doi.org/10.1007/s41019-018-0074-4.

［25］Ghosh S, Eldawy A, Jais S. Aid: An adaptive image data index for interactive multilevel visualization[C]//2019 IEEE 35th International Conference on Data Engineering (ICDE). [S.l.]: IEEE, 2019: 1594-

1597.

[26] Ding B, Huang S, Chaudhuri S, et al. Sample+Seek: Approximating aggregates with distribution precision guarantee[C/OL]//Proceedings of the 2016 International Conference on Management of Data, SIGMOD Conference 2016, San Francisco, CA, USA, June 26 - July 01, 2016. 2016: 679-694. http://doi.acm.org/10.1145/2882903.2915249.

[27] Moritz D, Fisher D, Ding B, et al. Trust, but verify: Optimistic visualizations of approximate queries for exploring big data[C/ OL]//Proceedings of the 2017 CHI Conference on Human Factors in Computing Systems, Denver, CO, USA, May 06-11, 2017. 2017: 2904-2915. https://doi.org/10.1145/3025453.3025456.

[28] Kim A, Blais E, Parameswaran A, et al. Rapid sampling for visualizations with ordering guarantees[C]//Proceedings of the VLDB Endowment International Conference on Very Large Data Bases: volume 8. [S.l.]: NIH Public Access, 2015: 521.

[29] Park Y, Cafarella M J, Mozafari B. Visualization-aware sampling for very large databases [C/OL]//32nd IEEE International Conference on Data Engineering, ICDE 2016, Helsinki, Finland, May 16-20, 2016. 2016: 755-766. https://doi.org/10.1109/ICDE.2016.7498287.

[30] Peng J, Zhang D, Wang J, et al. AQP++: connecting approximate query processing with aggregate precomputation for interactive analytics[C/ OL]//Proceedings of the 2018 International Conference on Management of Data, SIGMOD Conference 2018, Houston, TX, USA, June 1015, 2018. 2018: 1477-1492. https://doi.org/10.1145/3183713.3183747.

[31] Fisher D, Popov I O, Drucker S M, et al. Trust me, i'm partially right: incremental visualization lets analysts explore large datasets faster[C/ OL]//CHI Conference on Human Factors in Computing Systems, CHI '12, Austin, TX, USA - May 05 - 10, 2012. 2012: 1673-1682. https://doi. org/10.1145/2207676.2208294.

[32] Wagner T, Schkufza E, Wieder U. A sampling-based approach to

accelerating queries in log management systems[C/OL]//Visser E. Companion Proceedings of the 2016 ACM SIGPLAN International Conference on Systems, Programming, Languages and Applications: Software for Humanity, SPLASH 2016, Amsterdam, Netherlands, October 30 - November 4, 2016. ACM, 2016: 37-38. https://doi. org/10.1145/2984043.2989221.

[33] Yan Y, Chen L J, Zhang Z. Error-bounded sampling for analytics on big sparse data[J/OL]. PVLDB, 2014, 7(13): 1508-1519. http://www. vldb.org/pvldb/vol7/p1508-yan.pdf.

[34] Dix A, Ellis G. By chance enhancing interaction with large data sets through statistical sampling[C]//Proceedings of the Working Conference on Advanced Visual Interfaces. [S.l.: s.n.], 2002: 167-176.

[35] Jugel U, Jerzak Z, Hackenbroich G, et al. M4: a visualization-oriented time series data aggregation[J]. Proceedings of the VLDB Endowment, 2014, 7(10): 797-808.

[36] Jugel U, Jerzak Z, Hackenbroich G, et al. Vdda: automatic visualization-driven data aggregation in relational databases[J]. The VLDB Journal, 2016, 25(1): 53-77.

[37] BikakisN,Papastefanatos G, Skourla M, et al. A hierarchical aggregation framework for efficient multilevel visual exploration and analysis[J]. Semantic Web, 2017, 8(1): 139-179.

[38] Godfrey P, Gryz J, Lasek P, et al. Visualization through inductive aggregation.[C]//EDBT. [S.l.: s.n.], 2016: 600-603.

[39] Chaudhuri S, Das G, Narasayya V. A robust, optimization-based approach for approximate answering of aggregate queries[J]. Acm Sigmod Record, 30(2): 295-306.

[40] Wagner T, Schkufza E, Wieder U. A sampling-based approach to accelerating queries in log management systems[C]//Companion Proceedings of the 2016 ACM SIGPLAN International Conference on Systems, Programming, Languages and Applications: Software for

Humanity.[S.l.: s.n.], 2016: 37-38.

［41］Yan Y, Chen L J, Zhang Z. Error-bounded sampling for analytics on big sparse data[J]. Proceedings of the VLDB Endowment, 2014, 7(13): 1508-1519.

［42］Bertini E, Santucci G. Give chance a chance- modeling density to enhance scatter plot quality through random data sampling[J/OL]. Information Visualization, 2006, 5(2): 95-110. https://doi.org/10.1057/palgrave.ivs.9500122.

［43］Guo T, Feng K, Cong G, et al. Efficient selection of geospatial data on maps for interactive and visualized exploration[C/OL]//Proceedings of the 2018 International Conference on Management of Data, SIGMOD Conference 2018, Houston, TX, USA, June 10-15, 2018. 2018:567-582. https://doi.org/10.1145/3183713.3183738.

［44］Wang L, Christensen R, Li F, et al. Spatial online sampling and aggregation[J/OL]. PVLDB, 2015, 9(3): 84-95. http://www.vldb.org/pvldb/vol9/p84-wang.pdf.

［45］Rahman S, Aliakbarpour M, Kong H, et al. I've seen "enough": Incrementally improving visualizations to support rapid decision making[J/OL]. PVLDB, 2017, 10(11): 1262-1273. http://www.vldb.org/pvldb/vol10/p1262-rahman.pdf.

［46］Budiu M, Gopalan P, Suresh L, et al. Hillview: A trillion-cell spreadsheet for big data[J/OL].PVLDB, 2019, 12(11): 1442-1457. http://www.vldb.org/pvldb/vol12/p1442-budiu.pdf.

［47］Liu Z, Jiang B, Heer J. imMens: Real-time visual querying of big data[J/OL]. Comput. Graph. Forum, 2013, 32(3): 421-430. https://doi.org/10.1111/cgf.12129.

［48］Shvachko K, Kuang H, Radia S, et al. The hadoop distributed file system[C]//2010 IEEE 26th symposium on mass storage systems and technologies (MSST). [S.l.]: Ieee, 2010: 1-10.

［49］Zaharia M, Das T, Li H, et al. Discretized streams: Fault-tolerant streaming computation at scale[C]//Proceedings of the twenty-fourth ACM symposium on operating systems principles. [S.l.: s.n.], 2013: 423-438.

[50] Thusoo A, Sarma J S, Jain N, et al. Hive: a warehousing solution over a map-reduce framework [J]. Proc. VLDB Endow., 2009, 2(2): 1626-1629.

[51] Kornacker M, Behm A, Bittorf V, et al. Impala: A modern, open-source sql engine for hadoop.[C]//Cidr: volume 1. [S.l.: s.n.], 2015: 9.

[52] Presto: Distributed sql query engine for big data. http://image-net.org[Z]. [S.l.: s.n.], 2020.

[53] Melnik S, Gubarev A, Long J J, et al. Dremel: interactive analysis of web-scale datasets[J/OL]. Commun. ACM, 2011, 54(6): 114-123. http://doi.acm.org/10.1145/1953122.1953148.

[54] Hausenblas M, Nadeau J. Apache drill: interactive ad-hoc analysis at scale[J]. Big data, 2013, 1(2): 100-104.

[55] Hall A, Bachmann O, Büssow R, et al. Processing a trillion cells per mouse click[J]. arXiv preprint arXiv:1208.0225, 2012.

[56] Yang F, Tschetter E, Léauté X, et al. Druid: A real-time analytical data store[C]//Proceedings of the 2014 ACM SIGMOD international conference on Management of data. [S.l.: s.n.], 2014: 157-168.

[57] Im J F, Gopalakrishna K, Subramaniam S, et al. Pinot: Realtime olap for 530 million users[C]//Proceedings of the 2018 International Conference on Management of Data. [S.l.: s.n.], 2018: 583-594.

[58] Eldawy A, Mokbel M F, Jonathan C. Hadoopviz: A mapreduce framework for extensible visualization of big spatial data[C/OL]//32nd IEEE International Conference on Data Engineering, ICDE 2016, Helsinki, Finland, May 16-20, 2016. 2016: 601-612. https://doi.org/10.1109/ICDE.2016.7498274.

[59] Yu J, Zhang Z, Sarwat M. GeoSpark Viz: a scalable geospatial data visualization framework in the apache spark ecosystem[C/OL]//

Proceedings of the 30th International Conference on Scientific and Statistical Database Management, SSDBM 2018, Bozen-Bolzano, Italy, July 09-11, 2018. 2018: 15:1-15:12. https://doi.org/10.1145/3221269.3223040.

[60] Jo J, Kim W, Yoo S, et al. SwiftTuna: Incrementally exploring large-scale multidimensional data [J]. IEEE VIS, Phoenix, AZ, 2016.

[61] Jo J, Kim W, Yoo S, et al. Swifttuna: Responsive and incremental visual exploration of large-scalemultidimensional data[C]//2017 IEEE Pacific Visualization Symposium(PacificVis). [S.l.]: IEEE, 2017: 131-140.

[62] Abraham L, Allen J, Barykin O, et al. Scuba: diving into data at facebook[J]. Proceedings of the VLDB Endowment, 2013, 6(11): 1057-1067.

[63] Roy S B, Chakrabarti K. Location-aware type ahead search on spatial databases: semantics and efficiency[C/OL]//Proceedings of the ACM SIGMOD International Conference on Management of Data, SIGMOD 2011, Athens, Greece, June 12-16, 2011. 2011: 361-372. http://doi.acm. org/10.1145/1989323.1989362.

[64] Raman V, Hellerstein J M. Partial results for online query processing[C]//Franklin M J, Moon B, Ailamaki A. Proc.ACM SIGMOD. 2002: 275-286.

[65] Kandula S, Shanbhag A,Vitorovic A, et al. Quickr: Lazily approximating complex adhoc queries in bigdata clusters[C/OL]//Proceedings of the 2016 International Conference on Management of Data, SIGMOD Conference 2016, San Francisco, CA, USA, June 26 - July 01, 2016. 2016: 631-646. http://doi.acm.org/10.1145/2882903.2882940.

[66] Qin J, Zhou X, Wang W, et al. Trie-based similarity search and join[C]//Proceedings of the Joint EDBT/ICDT 2013 Workshops. [S.l.]: ACM, 2013: 392-396.

[67] Kamat N, Jayachandran P, Tunga K, et al. Distributed and interactive

cube exploration[C/OL]// Cruz I F, Ferrari E, Tao Y, et al. IEEE 30th International Conference on Data Engineering, Chicago, ICDE 2014, IL, USA, March 31 - April 4, 2014. IEEE Computer Society, 2014:472-483. https://doi.org/10.1109/ICDE.2014.6816674.

[68] Babcock B, Chaudhuri S, Das G. Dynamic sample selection for approximate query processing[C/OL]//Proceedings of the 2003 ACM SIGMOD International Conference on Management of Data, San Diego, California, USA, June 9-12, 2003. 2003: 539-550. http://doi. acm.org/10. 1145/872757.872822.

[69] Kim T, Li W, Behm A, et al. Supporting Similarity Queries in Apache AsterixDB[C/OL]//Proceedings of the 21th International Conference on Extending Database Technology, EDBT 2018, Vienna, Austria, March 26-29, 2018. 2018: 528-539. https://doi.org/10.5441/002/ edbt.2018.64.

[70] Microsoft powerbi. https://powerbi.microsoft.com[Z]. [S.l.: s.n.], 2019.

[71] de Jonge K. Directquery in sql server 2016 analysis services[R]. [S.l.]: Microsoft, January 2017.

[72] Stolte C, Tang D, Hanrahan P. Polaris: a system for query, analysis, and visualization of multidimensional databases[J]. Communications of the ACM, 2008, 51(11): 75-84.

[73] Wesley R, Eldridge M, Terlecki P T. An analytic data engine for visualization in tableau[C]//Proceedings of the 2011 ACM SIGMOD International Conference on Management of data. [S.l.: s.n.], 2011: 1185-1194.

[74] Wesley R M G, Terlecki P. Leveraging compression in the tableau data engine[C]//Proceedings of the 2014 ACM SIGMOD international conference on Management of data. [S.l.: s.n.], 2014: 563-573.

[75] Bigsheets for the common man. https://www.ibm.com/ developerworks/library/bd-bigsheets/ index.html[Z]. [S.l.: s.n.], 2013.

［76］Battle L, Stonebraker M, Chang R. Dynamic reduction of query result sets for interactive visualizaton[C]//2013 IEEE International Conference on Big Data. [S.l.]: IEEE, 2013: 1-8.

［77］Vo H T, Bronson J, Summa B, et al. Parallel visualization on large clusters using mapreduce[C]//2011 IEEE Symposium on Large Data Analysis and Visualization. [S.l.]: IEEE, 2011: 81-88.

［78］Magdy A, Alarabi L, Al-Harthi S, et al. Demonstration of taghreed: A system for querying, analyzing, and visualizing geotagged microblogs[C/OL]//31st IEEE International Conference on Data Engineering, ICDE 2015, Seoul, South Korea, April 13-17, 2015. 2015: 1416-1419. http://dx.doi.org/10.1109/ICDE.2015.7113390.

［79］Magdy A, Mokbel M F. Demonstration of kite: A scalable system for microblogs data management[C/OL]//33rd IEEE International Conference on Data Engineering, ICDE 2017, San Diego, CA, USA, April 19-22, 2017. 2017: 1383-1384. https://doi.org/10.1109/ICDE.2017.187.

［80］OmniSci. https://www.omnisci.com[Z]. [S.l.: s.n.], 2019.

［81］Gray J, Chaudhuri S, Bosworth A, et al. Data cube: A relational aggregation operator generalizing group-by, cross-tab, and sub-totals[J]. Data mining and knowledge discovery, 1997, 1(1): 29-53.

［82］Sismanis Y, Deligiannakis A, Roussopoulos N, et al. Dwarf: Shrinking the petacube[C]//Proceedings of the 2002 ACM SIGMOD international conference on Management of data. [S.l.: s.n.], 2002: 464-475.

［83］Lins L D, Klosowski J T, Scheidegger C E. Nanocubesforreal-time exploration of spatiotemporal datasets[J/OL]. IEEE Trans. Vis. Comput. Graph., 2013, 19(12): 2456-2465. https://doi.org/ 10.1109/TVCG.2013.179.

［84］de Lara Pahins C A, Stephens S A, Scheidegger C, et al. Hashedcubes: Simple, low memory, real-time visual exploration of big data[J/OL].

IEEE Trans. Vis. Comput. Graph., 2017, 23(1): 671-680. https://doi.org/10.1109/TVCG.2016.2598624.

[85] Wang Z, Ferreira N, Wei Y, et al. Gaussian cubes: Real-time modeling for visual exploration of large multidimensional datasets[J/OL]. IEEE Trans. Vis. Comput. Graph., 2017, 23(1): 681-690. https://doi.org/10.1109/TVCG.2016.2598694.

[86] Jia Yu, Sarwat M. Accelerating spatial data visualization dashboards via a materialized sampling approach[C]//Proceedings of the International Conference on Data Engineering, ICDE. [S.l.: s.n.], 2020.

[87] Pedreira P, Croswhite C, Bona L. Cubrick: Indexing millions of records per second for interactive analytics[J/OL]. PVLDB, 2016, 9(13): 1305-1316. http://www.vldb.org/pvldb/vol9/ p1305-pedreira.pdf.

[88] Moritz D, Howe B, Heer J. Falcon: Balancing interactive latency and resolution sensitivity for scalable linked visualizations[C]// Proceedings of the 2019 CHI Conference on Human Factors in Computing Systems. [S.l.: s.n.], 2019: 1-11.

[89] Kandel S, Parikh R, Paepcke A, et al. Profiler: Integrated statistical analysis and visualization for data quality assessment[C]//Proceedings of the International Working Conference on Advanced Visual Interfaces. [S.l.: s.n.], 2012: 547-554.

[90] Battle L, Chang R, Stonebraker M. Dynamic prefetching of data tiles for interactive visualization[C/OL]//Proceedings of the 2016 International Conference on Management of Data, SIGMOD Conference 2016, San Francisco, CA, USA, June 26 - July 01, 2016. 2016: 1363-1375. http://doi.acm.org/10.1145/2882903.2882919.

[91] Yu J, Moraffah R, Sarwat M. Hippo in action: Scalable indexing of a billion new york city taxi trips and beyond[C/OL]//33rd IEEE International Conference on Data Engineering, ICDE 2017, San

Diego, CA, USA, April 19-22, 2017. IEEE Computer Society, 2017: 1413-1414. https://doi.org/10.1109/ICDE.2017.201.

[92] Rundensteiner E A, Ward M O, Xie Z, et al. Xmdvtool^q: : quality-aware interactive data exploration[C/OL]//Proceedings of the ACM SIGMOD International Conference on Management of Data, Beijing, China, June 12-14, 2007. 2007: 1109-1112. http://doi.acm.org/10.1145/ 1247480.1247623.

[93] Behm A, Ji S, Li C, et al. Space-constrained gram-based indexing for efficient approximate string search[C]//ICDE. [S.l.: s.n.], 2009.

[94] Behm A, Li C, Carey M J. Answering approximate string queries on large data sets using external memory[C]//International Conference on Data Engineering. [S.l.: s.n.], 2011: 888-899.

[95] Han J, Stefanovic N, Koperski K. Selective materialization: An efficient method for spatial data cube construction[C/OL]//Wu X, Ramamohanarao K, Korb K B. Lecture Notes in Computer Science: volume 1394 Research and Development in Knowledge Discovery and Data Mining, Second Pacific-Asia Conference, PAKDD-98, Melbourne, Australia, April 15-17, 1998, Proceedings. Springer, 1998: 144-158. https://doi.org/10.1007/3-540-64383-4_13.

[96] Chirkova R, Li C. Materializing views with minimal size to answer queries[C]//PODS. [S.l.: s.n.], 2003: 38-48.

[97] Beckmann N, Begel H P, Schneider R, et al. The R*-tree: an efficient and robust access method for points and rectangles[C]//SIGMOD. [S.l.: s.n.], 1990.

[98] Sarma A D, Lee H, Gonzalez H, et al. Efficient spatial sampling of large geographical tables[C/OL]//Proceedings of the ACM SIGMOD International Conference on Management of Data, SIGMOD 2012, Scottsdale, AZ, USA, May 20-24, 2012. 2012: 193-204. http://doi.acm.org/ 10.1145/2213836.2213859.

[99] Kim M S, Whang K Y, Lee J G, et al. n-Gram/2L: A space and time

efficient two-level n-gram inverted index structure[C]//VLDB. [S.l.: s.n.], 2005: 325-336.

[100] Chan S, Xiao L, Gerth J, et al. Maintaining interactivity while exploring massive time series [C/OL]//Proceedings of the IEEE Symposium on Visual Analytics Science and Technology, IEEE VAST 2008, Columbus, Ohio, USA, 19-24 October 2008. IEEE Computer Society, 2008:59-66. https://doi.org/10.1109/VAST.2008.4677357.

[101] Galakatos A, Crotty A, Zgraggen E, et al. Revisiting reuse for approximate query processing [J/OL]. PVLDB, 2017, 10(10): 1142-1153. http://www.vldb.org/pvldb/vol10/p1142-galakatos. pdf.

[102] Lee D H, Kim J S, Kim S D, et al. Adaptation of a neighbor selection markovchain for prefetching tiled web gis data[C]//International Conference on Advances in Information Systems. [S.l.]:Springer, 2002: 213-222.

[103] Cetintemel U, Cherniack M, DeBrabant J, et al. Query steering for interactive data exploration. [C]//CIDR. [S.l.: s.n.], 2013.

[104] Doshi P R, Rundensteiner E A, Ward M O. Prefetching for visual data exploration[C]//Eighth International Conference on Database Systems for Advanced Applications, 2003.(DASFAA 2003). Proceedings. [S.l.]: IEEE, 2003: 195-202.

[105] Yeşilmurat S, İşler V. Retrospective adaptive prefetching for interactive web gis applications[J]. Geoinformatica, 2012, 16(3): 435-466.

[106] Li R, Guo R, Xu Z, et al. A prefetching model based on access popularity for geospatial data in a cluster-based caching system[J]. International Journal of Geographical Information Science, 2012, 26(10): 1831-1844.

[107] Hellerstein J M, Haas P J, Wang H J. Online aggregation[C]//Proceedings of the 1997 ACM SIGMOD international conference on

Management of data. [S.l.: s.n.], 1997: 171-182.

[108] Stolper C D, Perer A, Gotz D. Progressive visual analytics: User-driven visual exploration of in-progress analytics[J]. IEEE Transactions on Visualization and Computer Graphics, 2014, 20 (12): 1653-1662.

[109] Turkay C, Kaya E, Balcisoy S, et al. Designing progressive and interactive analytics processes for high-dimensional data analysis[J]. IEEE transactions on visualization and computer graphics, 2016, 23(1): 131-140.

[110] Im J, Villegas F G, McGuffin M J. Visreduce: Fast and responsive incremental information visualization of large datasets[C/OL]// Hu X, Lin T Y, Raghavan V V, et al. Proceedings of the 2013 IEEE International Conference on Big Data, 6-9 October 2013, Santa Clara, CA, USA. IEEE, 2013: 25-32. https://doi.org/10.1109/BigData.2013.6691710.

[111] Crotty A, Galakatos A, Zgraggen E, et al. Vizdom: Interactive analytics through pen and touch [J/OL]. PVLDB, 2015, 8(12): 2024-2027. http://www.vldb.org/pvldb/vol8/p2024-crotty.pdf.

[112] Angelini M, Santucci G. Modeling incremental visualizations[C]// Proc. of the EuroVis Workshop on Visual Analytics (EuroVA'13). [S.l.: s.n.], 2013: 13-17.

[113] Kamat N, Nandi A. A session-based approach to fast-but-approximate interactive data cube exploration[J]. ACM Transactions on Knowledge Discovery from Data (TKDD), 2018, 12(1): 1-26.

[114] Jia J, Li C, Carey M J. Drum: A rhythmic approach to interactive analytics on large data[C]// 2017 IEEE International Conference on Big Data (Big Data). [S.l.]: IEEE, 2017: 636-645.

[115] Budiu M, Isaacs R, Murray D, et al. Interacting with large distributed datasets using Sketch [C/OL]//Gobbetti E, Bethel W. EPGPV16: Eurographics Symposium on Parallel Graphics and Visualization,

Groningen, The Netherlands, June 6-10, 2016. Eurographics Association, 2016:31-43. https://doi.org/10.2312/pgv.20161180.

[116] Crotty A, Galakatos A, Zgraggen E. VizDom: Interactive analytics through pen and touch: volume 8[Z]. [S.l.: s.n.], 2015: 2024-2027.

[117] Pansare N, Borkar V R, Jermaine C, et al. Online aggregation for large mapreduce jobs[J]. Proc. VLDB Endow, 2011, 4(11): 1135-1145.

[118] Condie T, Conway N, Alvaro P, et al. Mapreduce online.[C]//Nsdi: volume 10. [S.l.: s.n.], 2010: 20.

[119] Laptev N, Zeng K, Zaniolo C. Early accurate results for advanced analytics on mapreduce[J]. arXiv preprint arXiv:1207.0142, 2012.

[120] Choo J, Lee C, Kim H, et al. PIVE: Per-iteration visualization environment for supporting realtime interactions with computational methods[C]//2014 IEEE Conference on Visual Analytics Science and Technology (VAST). [S.l.]: IEEE, 2014: 241-242.

[121] Barnett M, Chandramouli B, DeLine R, et al. Stat! an interactive analytics environment for big data[C]//Proceedings of the 2013 ACM SIGMOD International Conference on Management of Data. [S.l.: s.n.], 2013: 1013-1016.

[122] Fisher D, Chandramouli B, DeLine R, et al. Tempe: an interactive data science environment for exploration of temporal and streaming data[J]. Tech. Rep. MSR-TR-2014–148, 2014.

[123] El-Hindi M, Zhao Z, Binnig C, et al. VisTrees: fast indexes for interactive data exploration[C]// Proceedings of the Workshop on Human-In-the-Loop Data Analytics. [S.l.: s.n.], 2016: 1-6.

[124] Demiralp Ç, Haas P J, Parthasarathy S, et al. Foresight: Recommending visual insights[J]. arXiv preprint arXiv:1707.03877, 2017.

[125] Kim A, Xu L, Siddiqui T, et al. Optimally leveraging density and locality for exploratory browsing and sampling[C]//Proceedings of

the Workshop on Human-In-the-Loop Data Analytics. [S.l.: s.n.], 2018: 1-7.

[126] Advizor, https://www.advizorsolutions.com/[Z]. [S.l.: s.n.], 2020.

[127] Congnos, https://www.ibm.com/products/cognos-analytics[Z]. [S.l.: s.n.], 2020.

[128] Jaspersoft, https://www.jaspersoft.com/[Z]. [S.l.: s.n.], 2020.

[129] JMP, https://www.jmp.com[Z]. [S.l.: s.n.], 2020.

[130] Spotfire, https://www.tibco.com/products/tibco-spotfire[Z]. [S.l.: s.n.], 2020.

[131] Terlecki P, Xu F, Shaw M, et al. On improving user response times in Tableau[C/OL]//Sellis T K, Davidson S B, Ives Z G. Proceedings of the 2015 ACM SIGMOD International Conference on Management of Data, Melbourne, Victoria, Australia, May 31 - June 4, 2015. ACM, 2015:1695-1706. http://doi.acm.org/10.1145/2723372.2742799.

[132] Lumira, https://www.sap.com/products/lumira.html[Z]. [S.l.: s.n.], 2020.

[133] Qlik View, https://www.qlik.com/us/products/qlikview[Z]. [S.l.: s.n.], 2020.

[134] Superset, https://superset.incubator.apache.org/[Z]. [S.l.: s.n.], 2018.

[135] Jia J, Li C, Zhang X, et al. Towards interactive analytics and visualization on one billion tweets [C]//Proceedings of the 24nd ACM SIGSPATIAL International Conference on Advances in Geographic Information Systems, Francisco Bay Area, California, USA, October 31- November 3, 2016. 2016.

[136] Tao Y, Yu J X. Finding frequent co-occurring terms in relational keyword search[C]//EDBT.[S.l.: s.n.], 2009.

[137] Weng L, Preneel B. A secure perceptual hash algorithm for image content authentication[C]// De Decker B, Lapon J, Naessens V, et al. Communications and Multimedia Security. Berlin, Heidelberg:

Springer Berlin Heidelberg, 2011: 108-121.

［138］ Pappas T N, Safranek R J, Chen J. Perceptual criteria for image quality evaluation[J]. Handbook of image and video processing, 2000: 669-684.

［139］ Wang Z, Bovik A C, Sheikh H R, et al. Image quality assessment: from error visibility to structural similarity[J]. IEEE transactions on image processing, 2004, 13(4): 600-612.

［140］ Horé A, Ziou D. Image quality metrics: PSNR vs. SSIM[C/ OL]//20th International Conference on Pattern Recognition, ICPR 2010, Istanbul, Turkey, 23-26 August 2010. 2010: 2366-2369. https://doi.org/10.1109/ICPR.2010.579.

［141］ Rubner Y, Tomasi C, Guibas L J. The earth mover's distance as a metric for image retrieval[J]. International journal of computer vision, 2000, 40(2): 99-121.

［142］ Padmanabhan S, Bhattacharjee B, Malkemus T, et al. Multi-dimensional clustering: A new data layout scheme in db2[C/ OL]//SIGMOD '03: Proceedings of the 2003 ACM SIGMOD International Conference on Management of Data. New York, NY, USA: Association for Computing Machinery, 2003: 637–641. https:// doi.org/10.1145/872757.872835.

［143］ Kwak S G, Kim J H. Central limit theorem: the cornerstone of modern statistics[J]. Korean journal of anesthesiology, 2017, 70(2): 144.

［144］ DeGroot M H, Schervish M J. Probability and statistics[M]. [S.l.]: Pearson Education, 2012

［145］ MacQueen J, et al. Some methods for classification and analysis of multivariate observations [C]//Proceedings of the fifth Berkeley symposium on mathematical statistics and probability: volume 1. [S.l.]: Oakland, CA, USA, 1967: 281-297.

［146］ Ester M, Kriegel H P, Sander J, et al. A density-based algorithm for discovering clusters in large spatial databases with noise.[C]//Kdd: volume 96. [S.l.: s.n.], 1996: 226-231.

[147] Dempster A P, Laird N M, Rubin D B. Maximum likelihood from incomplete data via the em algorithm[J]. Journal of the Royal Statistical Society: Series B (Methodological), 1977, 39(1):1-22.

[148] Hunt N, Tyrrell S. Stratified sampling[J]. Retrieved November, 2001, 10: 2012.

[149] Dong L, Liu W, Li R, et al. Replica-aware partitioning design in parallel database systems[C]// European Conference on Parallel Processing. [S.l.]: Springer, 2017: 303-316.

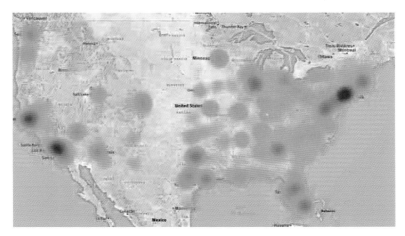

图 1-1　美国大陆地区推特发布数量热力图

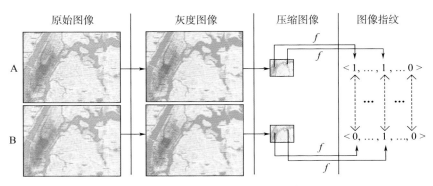

图 3-2　使用感知哈希测量图像近似度

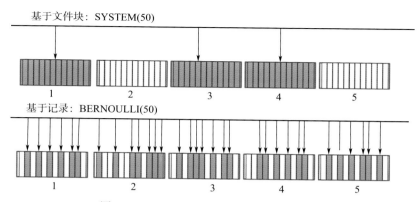

基于文件块：SYSTEM(50)

1　2　3　4　5

基于记录：BERNOULLI(50)

1　2　3　4　5

图 5-1　TABLESAMPLE　的两种抽样方式

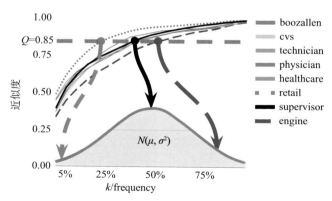

图 5-9　由 kQ- 曲线生成 kQ- 模型